Ulrike Amler

Alles über Pferde

Haltung
Reiten
Rassen

Inhalt

Alles über Pferde

Pferdepflege und Haltung

Pferderassen

Reitweisen und Disziplinen

Reiten lernen

Ein eigenes Pferd

Faszination Pferd

Pferde verkörpern Energie, Kraft, Schnelligkeit und Anmut. Ihre Größe und Schönheit begeistern uns. Ihre Sanftheit, aber auch ihre Wildheit und Scheu, die sie sich über Jahrtausende der Domestikation bewahrt haben, ziehen uns immer wieder in ihren Bann. Kein Wunder, dass sich viele Menschen nicht länger mit der Rolle des Zuschauers begnügen, sondern selbst in den Sattel steigen.

Bunte Vielfalt

Die Faszination, die das Pferd auf den Menschen ausübt, ist groß. Zum Glück ist es schon lange keine Frage des gesellschaftlichen Status mehr, die Freizeit mit den stolzen Vierbeinern zu verbringen. Reiten ist heute ein sehr beliebter Breitensport, der weit über den Kreis pferdeverrückter Teenager und sportlich ambitionierter Turnierreiter hinausgeht. Immer häufiger teilen ganze Familien ihre Zeit, Liebe und das Budget mit einem Pferd.

Die Menschen, die sich für Pferde begeistern, sie reiten oder gar ein eigenes haben, sind so unterschiedlich wie die Pferde selbst. Die Entwicklung der vergangenen Jahrzehnte hat dazu beigetragen, dass neben der einst kleinen Auswahl von Rassen – Warmblütern, bodenständigen Kaltblütern und einigen Ponyrassen – eine farbenfrohe Multikulti-Vielfalt in die Ställe eingezogen ist. Mutige Idealisten haben spritzige Westernpferde, robuste Islandponys, imposante Iberer oder Exoten aus den hintersten Winkeln der Erde hierher gebracht und sowohl die Reiterei bereichert als auch die Entwicklung der artgerechten Haltung und den Umgang mit dem Pferd positiv beeinflusst.

Reitsportfans können aus einer Vielzahl von Reitweisen die für sie passende auswählen. Sportliche Reiter haben heute auch über den Dressur- und Springsport hinaus die

Ein guter Draht zwischen Reiter und Pferd ist das größte Glück für Mensch und Tier. Darauf bauen auch sportlicher Erfolg und Spaß in der Freizeit.

Möglichkeit, sich in verschiedenen Disziplinen – angefangen bei Trekkingwettbewerben und Distanzrennen für Ausdauerfreaks bis hin zu schnellen, artistisches Geschick erfordernden Mounted Games – mit der Konkurrenz zu messen. Auch für Gangpferdefreunde und Westernreiter gibt es eine aktive Turnierszene.

Die Ausbildung bis zum sicheren, selbstständigen Reiter verläuft schon lange nicht mehr in der autoritären Schule nach alter Kavallerieart. Da in keiner Reitweise Zweifel über die Notwendigkeit einer soliden reiterlichen Ausbildung herrschen, gibt es mittlerweile ein vielfältiges Angebot an alternativen Lehrmethoden. So kommt es, dass auch immer mehr Menschen jenseits des Teenageralters den Schritt aufs Pferd wagen. Gesellschaft unter Gleichgesinnten, gemeinsame, erlebnisreiche Ritte in der Natur oder einfach nur die stille Zweisamkeit mit dem Partner Pferd stehen dabei meist im Mittelpunkt ihres Interesses.

Pferde als Partner

Es verwundert nicht, dass in der Vergangenheit immer mehr Pferde aus dunklen Boxen und muffigen Ställen umgezogen sind in Lauf- und Offenställe. Dort genießen sie unter Artgenossen ein bisschen etwas von der Freiheit, die ihre Vorfahren über die Jahrmillionen der Entwicklung prägte.

Das Wissen um Haltungs- und Fütterungsfragen, die Pferdesprache und das Verhalten ist nicht mehr nur für das Betreuungspersonal in den Ställen und Reitschulen relevant. Pferdeliebhaber erkennen zunehmend, welche Chance das bessere Verständnis des Vierbeiners für die gemeinsam verbrachte Zeit bietet. Dabei profitieren beide Seiten: Das Pferd ist nicht mehr nur Sportgerät, Statussymbol oder Haustier, sondern ein als Individuum anerkannter und geliebter Freizeitpartner, ja für viele Menschen ein Familienmitglied.

Der Mensch, der sein Pferd aufmerksam beobachtet und sich auf seine ehrliche und klare Kommunikation einlässt, profitiert selbst davon - haben wir es doch vielfach verlernt, uns klar auszudrücken und das zu sagen, was wir meinen. Schauen wir uns das Pferd an, mit dem wir umgehen, so sehen wir in einen Spiegel. Dieser Klarheit der Sprache verdankt das Pferd auch die Anerkennung als Persönlichkeitstrainer für Menschen jeden Alters und jeder sozialen Herkunft. Als Therapeut für kranke Kinder und Erwachsene ist das Pferd von unschätzbarem Wert.

Pferde schenken uns täglich mehr, als wir in einem ganzen Leben an sie zurückgeben können!

Sanfte Augen und wildes Temperament: Die gegensätzlichen Eigenschaften, die Pferde in sich vereinen, faszinieren den Menschen.

Einem jeden der sie reitet, naht sein Glücksstern sich im Raum, Leid verweht, das Leben gleitet leicht dahin, ein schöner Traum....
(PÁLL ÓLAFSSON)

Alles über Pferde

Die ersten Pferde

Einem Wimpernschlag der Erdgeschichte gleicht die Zeit von rund 6.000 Jahren, seit Pferd und Mensch in enger Gemeinschaft zusammenleben und das Pferd Schicksal und Entwicklung der Menschheitsgeschichte mitbestimmt. Davor liegen jedoch rund 60 Miollionen Jahre, in denen sich Pferde den Umweltbedingungen angepasst und zu hoch spezialisierten Wesen entwickelt haben. Dabei haben sie auch die Fantasie der Menschen beflügelt.

Vom Fünfzeher zum Einhufer

Vor 60 Millionen Jahren lebten die ersten Vorfahren unserer Pferde in den Urwäldern Nordamerikas und Europas und ernährten sich hauptsächlich von Laub. Die fuchsgroßen Tiere hatten vorne fünf und hinten vier Zehen.

Vor rund 40 Millionen Jahren starb das Hyracotherium in Europa aus unbekannten Gründen aus. In Nordamerika passte sich Eohippus, das „Pferdchen der Morgenröte", jedoch den klimatischen Veränderungen an und entwickelte sich zum Steppenbewohner. Vor 25 – 15 Miollionen Jahren waren die Urpferdchen Einzeher und hatten die Größe heutiger Ponys.

Gewichtige Verwandtschaft

Die Gattung Equus ist eine der kleinsten Säugetiergattungen und gehört innerhalb des zoologischen Systems zur Ordnung der Unpaarhufer. Es existieren die Untergattungen Zebra, Grevy-Zebra, asiatische und afrikanische Wildesel sowie die Pferde. Sie alle zählen zur Familie der „Einhufer" und sind mit Tapir und Nashörnern verwandt.

In Nordamerika entwickelte sich vor etwa 12 Millionen Jahren Pliohippus. Er war bereits ein richtiges Pferd, ein ausdauerndes und schnelles Fluchttier, das sich mit einem kräftigen Gebiss von harten, dürren Steppengräsern ernährte. Pliohippus wanderte (ebenso wie seine später ausgestorbenen Verwandten aus dem stark verästelten Stammbaum der Pferde) in großen Herden über eine damals noch bestehende Landbrücke im Bereich der heutigen Behringstraße von Alaska nach Sibirien und kehrte auf diesem Weg nach Asien und Europa zurück. Allmählich entwickelte sich dort die Gattung Equidae, die Pferdeartigen, aus der Pferde, Esel und Zebras hervorgingen.

In Nordamerika starben die Pferde vermutlich während der letzten Eiszeit vor 10.000 Jahren aus und kamen erst mit den spanischen Eroberern zurück auf den Kontinent.

Das Pferd als Haustier

Mit dem Ende der letzten Eiszeit nahm die Bedeutung des Pferdes als Beutetier für die umherziehenden Steinzeitmenschen ab. Bis zur Haustierwerdung des Pferdes sollten jedoch noch einige Tausend Jahre vergehen. Die ältesten Funde domestizierter Pferde sind rund 6.000 Jahre alt und stammen aus China und der Ukraine.

Pferde – die sagenhaften Wesen

Pferde haben ihren festen Platz in Mythen, Sagen, religiösen Überlieferungen und der Geschichte gefunden. Bekannt ist Sleipnir, das schnelle, achtbeinige Lieblingspferd des Gottes Odin, Held in der nordischen Mythologie. Auf ihm bestand Odin die kühnsten Abenteuer und soll der Sage nach sogar über Meere und durch die Luft galoppiert sein. Die Bauern ließen für Sleipnir die schönsten Ähren auf dem Feld stehen. Ein Bild Sleipnirs ist in den berühmten Stein von Tängvide (Schweden) eingeritzt.

Pegasus, das geflügelte Pferd

Das Flügelross Pegasus entspringt der griechischen Mythologie und gilt als Symbol der Unsterblichkeit. Überall, wo Pegasus mit seinen Hufen aufgestampft hat, sollen Quellen entstanden sein. Pegasus wurde geboren, als Perseus der Medusa den Kopf abschlug. Das schwierige Ross konnte erst von Bellerophon mit Hilfe der Göttin Athene gezähmt werden. Pegasus bestand mit seinem Herrn viele Abenteuer, doch dieser wurde durch den Besitz seines unsterblichen Pferde übermütig und beim Versuch, sich in die Götterwelt emporzuschwingen, abgeworfen.

Chiron – Symbol der Harmonie zwischen Mensch und Pferd

In der griechischen Mythologie ist Chiron ein heilkundiger Zentaur. Seine Gestalt, halb Mensch, halb Pferd, symbolisiert die Harmonie der beiden Wesen. Die Vernunft des Menschen ist vereint mit der Kraft und Güte des Pferdes. Doch seine Gutmütigkeit wird dem Zentauren zum Schicksal: An einem vergifteten Pfeil seines Schülers Herkules verletzt sich der unsterbliche Chiron. Seitdem ist er als Sternbild Schütze sichtbar. Hier zielt er bis zum Ende der Zeit mit Pfeil und Bogen auf den giftigen Skorpion.

Mohammeds Wunderstuten – Basis der ältesten Reinzucht

622 geriet der Prophet Mohammed auf seiner Flucht von Mekka nach Medina in einen schweren Sandsturm. Als die Karawane endlich einen Wüstenbrunnen erreichte, stürzten die durstigen Pferde los. Der Prophet rief sie zurück, doch nur fünf Stuten folgten ihm. Mohammed segnete die gehorsamen Stuten Abayyah, Saglaviya, Kuhaylah, Hamdaniyah und Hadbah und gründete mit ihnen seine arabische Zucht. Um sie zu zeichnen, legte er ihnen den Daumen in den Nacken, woraufhin sich kleine Haarwirbel bildeten. Die edelsten Linien der Araber sollen auf diese fünf Stuten zurückgehen.

„Als Allah das Pferd erschaffen hatte, sprach er zu dem prächtigen Geschöpf: Dich habe ich gemacht ohnegleichen. Alle Schätze dieser Erde liegen zwischen deinen Augen.“ Sure aus dem Koran

Sagenhafte Pferde bieten heute Stoff für moderne Märchen und fantasievolle Musicals.

Die Geschichte des edlen Arabers ist sogar im Koran festgehalten.

Leben in Freiheit

Wildpferde sind heute beinahe so selten wie Einhörner und Zentauren. Während der Mensch sich der Kraft und Ausdauer des Pferdes bediente, hat er sie in freier Wildbahn fast vollständig ausgerottet. Noch vor 10.000 Jahren besiedelten Wildpferde nahezu die gesamte Nordhalbkugel der Erde. Sie waren vor allem eine begehrte Jagdbeute, bis der Mensch ihren Wert als Zug- und Reittier erkannte.

Przewalskipferde – die letzten Urpferde

Die bekanntesten echten Wildpferde sind die kurz vor dem Aussterben durch Nachzuchtprogramme in den Zoos geretteten Przewalskipferde. 1879 brachte Nikolaj Przewalski, Offizier des Zaren, ein falbfarbenes Fell mit einem gedrungenen Pferdeschädel von einer Erkundungsreise mit. Zoologen erkannten darin ein asiatisches Wildpferd. Rund 50 Fohlen der Mongolenpferdchen kamen Ende des 19. Jahrhunderts in europäische Tiergehege, wo sie sich über Generationen ohne Blutauffrischung vermehrten. Währenddessen wurde die letzte wildlebende Herde mit fünf Tieren 1968 im Altaigebirge gesichtet. Praktisch in letzter Minute starteten die Zoos ein weltweites Zuchtprogramm, 1992 wurden die ersten 16 Tiere in einem mongolischen Nationalpark ausgewildert. Heute leben dort wieder rund 100 wilde Przewalskipferde.

Die wilden Pferde Polens

Wirklich freilebende Wildpferdeherden gibt es heute auch in Europa nicht mehr. Die letzten Tarpane lebten in den waldreichen Gebieten Mittel- und Osteuropas. Ende des 18. Jahrhunderts wurden sie ausgerottet. Es waren meist Graufalben mit wildpferde-

Verwilderte Ausreiser und behütete Wildlinge

Die meisten der wildlebenden Pferde heute sind Nachkommen von Hauspferden. Selbst die nordamerikanischen Mustangs stammen von entlaufenen Arabern und Berbern der spanischen Eroberer ab. Schließlich war der amerikanische Kontinent bei der Ankunft der europäischen Entdecker und Siedler pferdefrei. Doch auch heute sind die Herden bei Farmern nicht sehr beliebt und werden immer wieder in großen Aktionen erbittert gejagt.

Dank internationaler Zuchtprogramme grasen die einst wildlebenden Przewalskipferde sogar wieder in ihrer ursprünglichen Heimat, der Mongolei.

typischen Zebrastreifen an den Beinen, kurzen Schädeln, Mehlmaul und Stehmähne. Sie werden als mögliche Vorfahren unserer Hauspferde gehandelt. In den 30er Jahren versuchte Heinz Heck im Münchner Tierpark Hellabrunn den Tarpan aus der Anpaarung eines Przewalskihengstes mit isländischen und mit gotländischen Ponystuten zurückzuzüchten. Parallel versuchte man das gleiche in Polen mit Bauernpferden, in deren Blut noch Anteile der Waldtarpane flossen. Später wurden die Rückzüchtungen gekreuzt. Heute leben erneut Tarpan-Herden in Polen. Auch im emsländischen Naturschutzgebiet Wacholderhain grasen sie wieder.

Die Pferde der Herzöge – Dülmener Wildpferde

Bis zu Beginn des 19. Jahrhunderts gab es Wildgestüte, in die sich bereits im 10. bis 12. Jahrhundert die letzten Wildpferde vor der Bejagung zurückgezogen hatten. Von diesen überlebte lediglich die Wildbahn des Merfelder Bruchs nahe dem westfälischen Dülmen dank des Engagements der Herzöge von Croy, die das Gehege bis heute unterhalten. Das Dülmener Pferd gilt als älteste deutsche Pferderasse, wenn auch nicht als Wildpferd im zoologischen Sinn, denn in der Vergangenheit kreuzten immer wieder entlaufene Bauern- und Kriegspferde, aber auch Welsh-Hengste der Sektion A und B zur Blutauffrischung ein. Nach dem Zweiten Weltkrieg durften jedoch nur noch Hengste ursprünglicher Rassen wie Mongolen, Huzulen, Exmoor-Ponys oder Tarpane eingesetzt werden. Jedes Jahr werden beim traditionellen Wildpferdefang am letzten Maisonntag die einjährigen Hengste aus der rund 350 Köpfe zählenden Herde herausgefangen, um Inzucht zu vermeiden.

Die weißen Pferde im Rhone-Delta

Das Camargue-Pferd ist ein verwilderter Hauspferdeschlag, der im französischen Rhone-Delta zu Hause ist. Bereits Julius Cäsar begeisterte sich für die Rasse und unterhielt zwei Gestüte.

Camargue-Pferde sind eine auch in der Barockpferdeszene sehr beliebte kleinere Rasse.

Aus einstigen Wildlingen werden bei liebevoller Aufzucht umgängliche Freizeitpartner.

Die halbwilden Camarguais leben in Familienverbänden in einem unwirtlichen Gebiet aus Süßwassersümpfen, Grasland und Salzsteppen, das im Sommer von Mückenplagen heimgesucht wird, im Winter aber auch Kälteeinbrüche mit weit unter Null Grad aufweist. Fohlen lernen hier früh, den Gefahren der Natur zu trotzen.

Die „Crin blanc“ (das heißt „weiße Mähne“) werden wegen ihres natürlichen Cow-Sense für die Arbeit mit den schwarzen Stieren der Camargue geschätzt.

Die kleinen Ponys der Kelten

Im Exmoor-Nationalpark im britischen Somerset leben halbwilde Nachfahren bronzezeitlicher Keltenponys im urigen Typ, die Exmoor-Ponys. Das Gebiet war nicht von den Gletschern der Eiszeit bedeckt, weswegen die Wurzeln des Exmoor-Ponys sogar noch sehr viel weiter zurückreichen könnten.

Trotz aller Bemühungen ist das Exmoor-Pony heute vom Aussterben bedroht, da es als Kinder und Showpony nicht mit den anderen, sportlicher aussehenden Ponyrassen konkurrieren kann.

Das Pferd von Kopf bis Fuß

Der Körperbau unserer heutigen Pferderassen ist das Ergebnis gezielter Zuchtauswahl durch den Menschen, entsprechend der verschiedenen Verwendungszwecke. Grundlage sind die vier Urtypen: Urpony und Urkaltblüter, die Vertreter der Nordpferde, sowie Urwarmblüter und Uraraber, die Vertreter der Südpferde. Die einzelnen Typen unterschieden sich vor allem in der Größe und der Feinheit der Gliedmaßen.

Den Körperbau eines Pferdes bezeichnen Fachleute mit dem Begriff Exterieur. Ein gutes oder schlechtes Exterieur entscheidet über die Gebrauchs- und Leistungsfähigkeit des Pferdes für bestimmte Disziplinen. Gerade hier liegen auch die Unterschiede der verschiedenen Rassen. Die Beurteilung des Körperbaus ist für den Laien jedoch schwierig: Er unterscheidet meist zwischen „schön“ oder „nicht schön“, und das ist bekanntlich Geschmacksache.

Größe und Kaliber

Die Größe eines Pferdes erkennt jeder. Gemessen wird sie in der Regel in Zentimeter „Stockmaß“ vom Boden bis zum Widerrist. Das ist die knöcherne Erhebung aus Dornfortsätzen der Wirbel auf dem Mähnenkamm am Halsansatz. Manchmal findet man aber auch die Angabe „Bandmaß“. Die international festgelegte Grenze zwischen Großpferd sowie Kleinpferden und Ponys liegt bei 148 Zentimetern.

Die Stabilität eines Pferdes hängt jedoch nicht allein von der Größe ab. Zierliche Vollblüter und schwere Kaltblüter können das gleiche Stockmaß haben und sind doch unterschiedlich tragfähig. Entscheidend ist die Stabilität der Knochen – das Kaliber: Rumpftiefe, Knochen- und Gelenkstärke der Gliedmaßen, Rückenlänge und Bemuskelung. Ein kalibriges Kleinpferd kommt deshalb oft besser mit einem gewichtigen Reiter zurecht als ein zierliches Großpferd.

Der typvolle Hechtkopf (li.) ist vor allem bei Arabern gefragt. Gerade Köpfe (M.) werden bei Warmblütern und vielen Ponyrassen geschätzt. Die Ramsnase (re.) ist Merkmal vieler Barockpferde- und Kaltblutrassen.

Kopf und Hals

Die Schönheit der Kopfform ist reine Geschmacksache: Edel anmutende Hechtköpfe mit konkaver Einsenkung des Nasenbeins haben ebenso ihre Fans wie der konvexe Ramskopf. Dazwischen liegt die bei Warmblütern bevorzugte gerade Nasenlinie.

Während der Kopf noch eine Frage von „gefällt oder nicht gefällt“ ist, entscheidet der Hals bereits über die Gebrauchsfähigkeit des Pferdes. Er ist sozusagen die „Balancierstange“: Ein tiefer Halsansatz verschiebt das Gleichgewicht nach vorne, während ein hoher Ansatz die Aufrichtung und die Fähigkeit des Pferdes, sich selbst auf der Hinterhand zu tragen, erleichtert.

Westernpferde und manche Gangpferderassen können mit einem tiefen Hals in ihren Disziplinen gut leben. Dressur- und Barockpferde haben es mit einem hoch angesetzten Hals leichter, ausdrucksvoll ihre Lektionen zu zeigen. Wichtig für beide Halstypen ist die Ganaschenfreiheit an den „Backen“ und die im Verhältnis längere Oberlinie. Andernfalls hat das Pferd einen „Hirschhals“ mit viel Unterhalsmuskulatur, die es daran hindert, entspannt an den Zügel zu treten.

Rumpf und Rücken

Die Rückenlänge des Pferdes ist rassetypisch. Dressur- und Barockreiter, aber auch Reiter verschiedener Gangpferderassen bevorzugen in der Regel den kürzeren, quadratischen Typ, bei dem Rumpflänge und Widerristhöhe ein Quadrat bilden. Spring- und Westernpferde dürfen länger sein und im „Rechtecktyp“ stehen. Aber egal welcher Typ: Beide müssen gleichermaßen intensiv gymnastiziert werden. Eine trainierte Rückenmuskulatur ist entscheidend für das Wohl und Wehe des Rückens!

Der Rücken des Pferdes sollte bei jeder Länge gut geschwungen und sowohl vertikal als auch horizontal beweglich sein. Tiefe Senkrücken sind ebenso problematisch wie hoch aufgewölbte so genannte „Karpfenrücken“. Ein extrem gerader Rücken ist vielfach steif und unbeweglich.

Ob ein Pferd im Quadrat- (o.) oder Rechtecktyp (u.) steht, ist rasseabhängig.

Kruppe

Da der „Motor“ des Pferdes in der Hinterhand liegt, ist Form und Bemuskelung der Kruppe (also des Pferdepopos) besonders wichtig. Die meisten Rassen haben eine lange und breite, mäßig abfallende Kruppe mit hohem Schweifansatz. Einige Gangpferde, aber auch verschiedene Kaltblutrassen haben eine steil abfallende, „abgeschlagene“ Kruppe mit tiefem Schweifansatz. Diese Pferde tendieren zu nach hinten ausgestellten Hinterbeinen, ein Zeichen dafür, dass hier mehr Schubkraft als Tragkraft vorhanden ist.

Beine

Ein besonderes Augenmerk bei der Pferdebeurteilung gilt den Gliedmaßen, denn ihre Gesundheit entscheidet über die Brauchbarkeit des Pferdes. Trotzdem zeigt die Erfahrung, dass kleinere und größere Fehlstellungen nicht zwingend zu Beeinträchtigungen und Folgeschäden führen müssen. Vielmehr ist es wichtig, dass sich die Fehlstellungen nicht auf die Bewegungen auswirken oder zu Instabilität und einseitigen Fehlbelastungen der Gelenke führen.

Rappen haben eine schwarze Fellfarbe und pechschwarzes Langhaar. Richtig lackschwarz sind sie eher selten und darum in allen Rassen sehr begehrt.

Füchse haben eine rote Grundfarbe. Sie kommen in verschiedenen Schattierungen vor. Das Langhaar kann auch blond sein, dann bezeichnet man sie als Palominos.

Mausfalben haben die ursprüngliche Wildpferdefarbe. Auf dem Rücken des Pferdes erkennt man den typischen Aalstrich.

Das Skelett in Zahlen

Das Pferdeskelett besteht aus fast 250 Einzelknochen, von denen rund 90 % durch sehr bewegliche Gelenke verbunden sind. Die Wirbelsäule eines Großpferdes ist fast drei Meter lang. Das Pferd hat sieben Halswirbel, 18 Rückenwirbel, sechs Lendenwirbel, fünf unbewegliche Kreuzwirbel und 15 bis 21 Schwanzwirbel. 18 Rippenpaare schützen die Lunge und die inneren Organe im Rumpf.

Besonders wichtig ist auch der Fesselstand, denn die Fessel ist sozusagen der „Stoßdämpfer“ der Pferdebeine: Das Fesselbein verbindet das Röhrbein mit dem Huf und bildet bei normaler Stellung der Vorderbeine einen Winkel von 45 Grad, bei den hinterbeinen 50 Grad. Ist der Winkel steiler, spricht man von einer steilen Fessel, die vielfach einen harten Gang und schlechten Schritt zur Folge hat. Ein „weich“ gefesseltes Pferd dagegen hat oft angenehm weiche Gänge, neigt aber womöglich zum Durchtreten. Dies kann ebenso wie eine zu steile Fessel zu frühzeitigem Verschleiß des Pferdes führen.

Hufe

„Ohne Huf kein Pferd“, sagt ein altes Sprichwort. Die Hufstellung sollte von vorne und von der Seite betrachtet die Linie des Fesselbeines bis zum Boden ungebrochen verlängern. Das Horn muss gleichmäßig von oben nach unten gewachsen sein und darf weder Quer- noch Längsspalten zeigen. Deutliche Rillen weisen auf Krankheiten, Stoffwechselstörungen, aber auch auf plötzliche Futterumstellungen hin.

Der Huf besteht aus der Hufwand, der Sohle und dem Strahl und umgibt eine sehr „lebendige“ Konstruktion aus Knochen, Sehnen und Blutgefäßen. Dabei ist der Huf sehr viel beweglicher, als man sehen kann. Er pumpt bei jeder Bewegung Blut aus den Gliedmaßen zurück Richtung Herz.

Abzeichen am Kopf verleihen Pferden ein individuelles „Gesicht": Stern und Schnippe auf der Nase (li.) oder schmale und breite Blesse (M. und re.) sind unverwechselbare Kennzeichen.

Farben und Abzeichen

Pferde sind so bunt wie kaum eine andere Säugetierart. Das Fell, bestehend aus Deckhaar und Langhaar (Schweif und Mähne), variiert in vielen verschiedenen Schattierungen und Kombinationen. Während Pferde mancher Rassen nur in einer oder wenigen Fellfarben auftreten, zählen Rassen wie die Appaloosas oder Isländer zu den „bunten Vögeln" unter den Pferden.

Größe und Farbe sind oft entscheidende Kriterien beim Pferdekauf.

Pferde haben lediglich zwei genetisch festgelegte Grundfarben: Rappe (schwarz) und Fuchs (rot). Weitere Farbgene für aufgehelltes Deckhaar, Schweif und Mähne, Scheck- oder Tigerzeichnung sowie Abzeichen an Kopf und Beinen bestimmen die Gesamterscheinung.

Rappen sind schwarz, doch im Sommer zeigen sie häufig Aufhellungen durch Schweiß und Sonne.

Durch aufgehelltes Deckhaar entstehen aus Rappen Braune und Falben. Die rote Grundfarbe bringt dagegen durch Aufhellungen von Schweif und Mähne Palominos und Isabellen hervor. Beim Fuchs sind also Mähne und Schweif gleich oder heller als das Fell, ein Brauner hat dagegen schwarzes Langhaar.

Schimmel werden immer dunkel geboren und erst mit zunehmendem Alter heller. Manche Rassen basieren auf einer reinen Farbselektion, die aber leider sehr oft auf Kosten von Exterieur, Charakter und Reiteigenschaften geht.

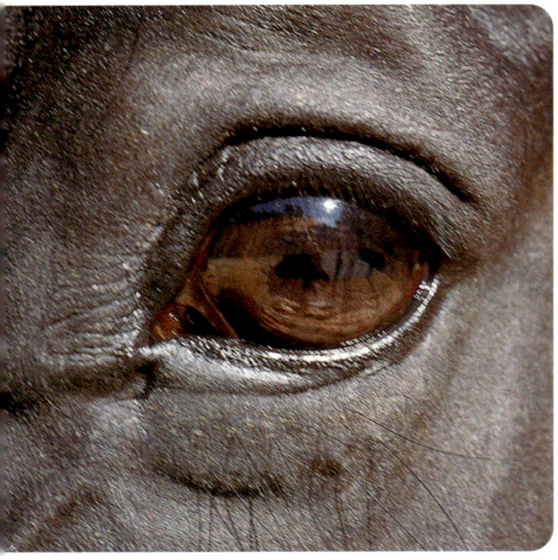

Mit allen Sinnen

Pferde sind Fluchttiere, deren natürlicher Lebensraum in weiten, offenen Steppenlandschaften liegt. Dementsprechend sind die Sinne, die das rasche Erkennen von Gefahren gewährleisten, besonders gut entwickelt. Das Pferd nimmt feinste Veränderungen in seiner Umwelt wahr und registriert auch Stimmungsschwankungen oder Gemütszustand des Menschen.

Bei besonders spannenden und interessanten Düften flehmen Pferde. Sie saugen die Luft bei fast geschlossenen Nüstern in die Maulhöhle ein und analysieren den Geruch mit dem Jacobsonschen Organ, das an der Basis der Nasenscheidewand sitzt.

Sehen

Die seitlich am Kopf sitzenden Augen ermöglichen dem Pferd einen fast vollständigen Rundumblick. Lediglich direkt hinter ihm und vor der Stirn hat es einen toten Winkel, den es aber durch Drehen des Kopfes ausgleichen kann. Schwierigkeiten haben Pferde auch damit, zu sehen, was direkt vor ihren Füßen liegt. Deshalb müssen sie kleine Hindernisse mit viel Kopffreiheit oder aus einer größeren Entfernung taxieren können.

Das räumliche Sehen ist bei Pferden eher unterentwickelt, ebenso die Wahrnehmung von Farben. Die großen Fluchttiere sehen nur halb so scharf wie wir, und das nur in der Nähe. In der Ferne können sie aber kleinste Bewegungen registrieren, die den Fluchtreflex auslösen und den Reiter immer wieder mit einem vor „Gespenstern" scheuenden Pferd konfrontieren. Reiter, die sich der Sehfähigkeit ihres Pferdes bewusst sind, werden einem Pferd deshalb erlauben, den Kopf in Richtung des Unbekannten zu drehen, damit es dies einigermaßen klar erkennen kann.

Hören

Pferde haben eine sehr feines Gehör, mit dem sie vor allem Geräusche in der Ferne wahrnehmen. Es ist auch nicht ausgeschlossen, dass das Hörvermögen, das bis in den

Ultraschallbereich hineinreicht, auch der Orientierung im Raum dient. Selbst ruhende und schlafenden Pferde sondieren immer wieder mit ihren großen Tütenohren Geräusche der Umgebung. Die Ohren bewegen sie dabei unabhängig voneinander in alle Richtungen.

Neben dem Hören dienen die Ohren auch als wichtiges Kommunikationsmittel. Ob freundlich und aufmerksam gespitzt, entspannt zur Seite geklappt oder aggressiv nach hinten angelegt – Artgenossen und der aufmerksame Mensch registrieren gleich, wie das Pferd aufgelegt ist.

Riechen und Schmecken

Beim Geruchsinn sind uns Pferde überlegen, wenn er auch nicht an den eines Hundes heranreicht. Besonders interessante Gerüche nehmen sie durch das so genannte Flehmen auf. Dazu rollen sie die Oberlippe weit nach oben und ziehen die mit interessanten Düften gespickte Luft ein. Mit dem Jacobsonschen Organ, das uns Menschen im Laufe der Evolution abhanden gekommen ist, analysieren sie den Duft.

An Körperhaltung und Geruch erkennen Pferde die Verfassung ihrer Partner. Dabei entgeht ihnen auch der Angstschweiß von Menschen nicht. Bei Pferden geht Liebe und Zuneigung durch die Nase: Manche Artgenossen können sich riechen, andere dagegen überhaupt nicht.

Der Geschmacksinn des Pferdes hängt eng mit seinem Geruchssinn zusammen. Den Geschmack analysieren die Tiere in der Mundhöhle, vor allem auf den ersten zwei Dritteln der Zunge. Danach entscheiden die ausgeschütteten Botenstoffe, ob der Verdauungsapparat angekurbelt werden soll oder das Pferd sich mit Grausen abwendet.

Ob Pferde wie wir Menschen eine geschmackliche Differenzierung zwischen sauer, salzig, süß und bitter machen, ist nicht bekannt.

Tasten

Das wichtigste Tastorgan des Pferdes ist das Maul. Auf den Lippen sitzen mehr Nervenenden je Quadratzentimeter als in unseren Fingerspitzen. Mit den borstigen Tasthaaren erkundet das Pferd seine Umgebung und schätzt Entfernungen ab, wenn der Geruch vorher „keine Gefahr“ signalisiert hat. Tasthaare dürfen deshalb nie geschnitten werden!

Auch die so robust wirkende Haut ist sehr empfindlich. Bereits eine kleine Fliege wird durch das Fell wahrgenommen und abgeschüttelt. Berührungen zwischen zweibeinigen und vierbeinigen Partnern haben eine wichtige Funktion. Sie dienen der Kontaktpflege und der Vertrauensbildung.

Pferde sehen nur in der Nähe scharf. Auge in Auge mit dem Unbekannten erschrecken sie nicht so leicht.

Der feine Tastsinn der Lippen macht den wohl dosierten Einsatz der Pferdezähne möglich.

Pferdeverhalten

Pferde sind Herdentiere. Die Herde bietet ihnen Sicherheit und Geborgenheit. In einer Herde herrscht eine von den Tieren hergestellte Rangordnung. Anders als wir Menschen glauben, streben Pferde nicht zwingend nach der Chefposition. Meist fühlen sie sich recht wohl an ihrem Platz und wissen, welchem Herdenmitglied sie frech und dominant oder aber höflich und zurückhaltend begegnen müssen.

Rangordnung: Charakterstärke und Führungsqualitäten

Eine wildlebende Pferdeherde wird von einer erfahrenen Leitstute und dem Leithengst geführt. Die Stute führt die Herde, während der Leithengst für den Zusammenhalt sorgt und die Herde gegen Konkurrenten verteidigt. Herdenchef zu sein bedeutet bei Pferden zwar, Vortritt an Futter- und Wasserstellen zu haben, aber auch für Ordnung in der Herde zu sorgen, häufig zu wachen und damit seltener fressen und ruhen. Der Chefposten ist nur etwas für starke und erfahrene Tiere mit großer Persönlichkeit. Menschen sollten sich bei Rangordnungsfragen in einer Pferdegruppe deshalb besser gar nicht einmischen. Auch wenn Meinungsverschiedenheiten zwischen Herdenmitgliedern in groben Rangeleien ausgetragen werden, sind diese selten gefährlich.

Pferde stellen auch bei uns Menschen einen hohen Anspruch an die Führungsqualität: Selbstsichere, berechenbare Menschen haben viel weniger Mühe, Respekt, Aufmerksamkeit und Gehorsam eines Pferdes zu gewinnen. Sie können einem Pferd Sicherheit vermitteln und das Pferd stellt die Rangordnung kaum in Frage.

Das Heil liegt in der Flucht

Pferde sind Fluchttiere. Selbst in einer Herde könnten sie dem Angriff eines Raub-

Die Herde ist selbst im Fluchtmoment ein Ort der Sicherheit und Geborgenheit für das einzelne Tier. Wie in jeder Gemeinschaft sorgen aber feste Regeln und Umgangsformen für ein friedliches Miteinander.

Futtern rund um die Uhr

Pferde widmen rund zwei Drittel des Tages der Nahrungsaufnahme. Da sie einen vergleichsweise kleinen Magen haben, müssen sie über viele Stunden kleine Portionen Futter aufnehmen. Dabei legen sie große Strecken auf der Suche nach schmackhaftem Gras zurück. Das Verdauungssystem ist von Natur aus auf diese gleichmäßige Bewegung angewiesen. Bewegungsmangel kann bei Pferden deshalb auch zu schwer wiegenden Verdauungsstörungen führen.

tierrudels kaum Stand halten. Daher sind sie von der Natur mit einem superschnellen Fluchtmechanismus ausgestattet worden. Die Leitung zwischen dem Wahrnehmen einer Gefahr und dem Davonstürmen ist kurz.

Nachdenken und Abwägen kann ein Pferd in Situationen, die ihm Angst machen nicht, sehr zum Leidwesen von uns Reitern. Mit viel Geduld und durch den Aufbau von Vertrauen kann der Mensch ein Pferd jedoch soweit trainieren, dass es in vermeintlich gefahrvollen Situationen seine Aufmerksamkeit zunächst dem Menschen widmet und nur dann losstürmt, wenn auch dieser ängstlich und gestresst reagiert.

Sekundenschläfer

Pferde sind instinktiv immer in Fluchtbereitschaft. Deshalb schlafen sie auch meist im Stehen. Den Großteil der täglichen Ruhezeit nimmt das Dösen ein. Dabei stehen die Pferde völlig entspannt, meist winkeln sie ein Hinterbein leicht an und stellen nur die Hufspitze auf (sie „schildern").

Fühlt ein Pferd sich absolut sicher, legt es sich hin. Meist bleibt zum Schlafen der Kopf trotzdem aufrecht, das Maul wird auf dem Boden aufgestützt. Nur für kurze, wenige Minuten dauernde Tiefschlafphasen legt es sich ganz flach auf die Seite.

Insgesamt ruhen Pferde nur rund vier Stunden am Tag, davon etwa eine halbe Stunde im Tiefschlaf. Wenn Pferde durch ständige Unruhe oder vermeintliche Bedrohung nicht ausreichend ruhen können, verhalten sie sich auch dem Menschen gegenüber verspannt, nervös und ängstlich, sind unkonzentriert und wenig leistungsfähig.

Fellkraulen zur Freundschaftspflege

Pferde sind reinliche Tiere, auch wenn ihre Vorstellungen von Körperpflege nicht der unseren entsprechen.

Gegen juckendes Ungeziefer und lose Haare verspricht ein Bad im Dreck Linderung. Wälzen gehört zum Wohlfühlverhalten von Pferden und kann häufig nach dem Reiten beobachtet werden. An Bäumen scheuern Pferde die Stellen, an die sie mit den eigenen Zähnen nicht herankommen. Besonders schätzen sie jedoch die Fellpflege mit Artgenossen. Mit den Zähnen beknabbern sie sich gegenseitig an Mähnenkamm, Widerrist, Rücken und Schweif. So werden nicht nur Parasiten aus dem Fell verjagt, sondern auch Freundschaften zwischen Herdenmitgliedern gepflegt und vertieft.

Junge Fohlen suchen noch Schutz bei der Mutter. Später testen sie bei Artgenossen, wo ihre Grenzen liegen.

Spiel, Spaß und Unterhaltung

Pferde sind gesellig. Bewegung liegt in der Natur dieser energiegeladenen Tiere und so gehört neben der gemeinsamen Fellpflege das Spielen mit Artgenossen zum natürlichen Verhaltensrepertoire. Pferde, die regelmäßig im Spiel ein Ventil für überschüssige Energie und Lebensfreude finden, sind dem Menschen gegenüber ausgeglichener und stehen der Arbeit meist offener gegenüber als einzeln auf engem Raum gehaltene Pferde.

Währen Stuten sich eher zu einem kleinen Spurt über die Weide hinreisen lassen, kann man bei Hengsten und Wallachen lange Spielphasen mit Scheinkämpfen beobachten. Diese sehen für uns Menschen grob und gefährlich aus. Die Verletzungsgefahr ist jedoch sehr gering für die Pferde. Meist tragen sie nur harmlose Kratzer und Schrammen der Kategorie „Schönheitsfehler" davon.

Männliche Pferde zeigen im Spiel das gesamte Programm „pferdischer Kampfkunst" und viele dieser Verhaltensmuster finden wir in Zirkuslektionen oder in der Hohen Schule wieder: Die Tiere traben in Imponierhaltung mit einem hochgewölbten Hals und gespitzten Ohren aufeinander zu und beißen sich gegenseitig in Hals oder Ganaschen. Besonders beliebt ist das Zwicken ins Röhrbein, bei dem der Gegner sich auf das Karpalgelenk stützt. Sie steigen aneinander hoch und versuchen den Gegner mit den Vorderfüßen über dem Hals in die Tiefe zu drücken. Mit den ausschlagenden Hinterbeinen wird der Gegner auf Abstand gebracht. Das geschieht jedoch nur drohend „mit angezogener Handbremse", denn schließlich soll der Spielkamerad nicht verletzt werden. Meist sind die ungestümen Wallache und Hengste mit gro-

Feste Verhaltensregeln auch beim Beschnuppern fremder Artgenossen senken die Aggression. Auch Stute und Hengst lernen sich auf diese Weise erst einmal näher kennen. Die gespannte Aufmerksamkeit ist beiden Pferden deutlich anzusehen.

Spielphasen von Junghengsten und Wallachen können sich über Stunden hinziehen und trainieren Geschick und Ausdauer der Youngster. Männliche Pferde spielen oft bis ins hohe Alter mit Artgenossen, wenn es die Haltung zulässt. Ein älterer Hengst oder Wallach ist ein guter „Kindergärtner“ in Aufzuchtherden.

ßer Ausdauer beschäftigt und in einer größeren Herde findet sich immer wieder ein anderer Kumpel, der einsteigt, wenn einem die Puste ausgeht. Das Alter spielt dabei keine Rolle.

Spiele sind Ausdruck von Wohlbefinden und Lebenslust. Sie sorgen für Bewegung, seelische Ausgeglichenheit und zeigen dem Pferd gleichzeitig, wo es in der Rangordnung steht. Hier zählt schließlich nicht nur Kraft, sondern auch Ausdauer und Geschick. Keine noch so ausgeklügelte Trainingsstunde hat so eine vielfältig gymnastizierende Wirkung wie das Spiel mit Artgenossen.

Aggression im Ernstfall

Pferde sind zwar friedliche Tiere, doch keineswegs harmoniesüchtig. Fällige Auseinandersetzungen werden deshalb meist kurz und heftig geführt.

Auch in der Herde gibt es neben Freundschaften Pferde, die sich nicht riechen können oder sich noch fremd sind. Neulingen begegnen Pferde mit Vorbehalt. Zuerst wird mit angelegten Ohren oder sogar gebleckten Zähnen gedroht. Ist der Kontakt nicht vermeidbar, beschnuppern sich die fremden Pferde, um gleich darauf mit lautem Quieken mit den Vorderbeinen auszuschlagen.

Rangordnungskämpfe tragen Pferde meist mit den Hinterbeinen aus. Dabei versuchen sie sich gegenseitig mit aneinander geschobenen Hinterteilen wegzudrücken oder auszuschlagen. Der Unterlegene gibt schließlich nach, und wenn die Pferde ausreichend Platz haben, sich auszuweichen, ist die Verletzungsgefahr gering.

Noch darf das kleine Fohlen über die Strenge schlagen. In wenigen Wochen wird die Mutter es weniger nachsichtig in die Schranken weisen.

Grundwortschatz pferdisch

Anders als wir Menschen verständigen Pferde sich hauptsächlich durch Körpersprache. Es lohnt sich, diese zu erlernen, denn Pferde können uns damit eine Menge über ihre Befindlichkeit mitteilen. Andererseits fällt es uns selbst oftmals schwer, dem Pferd durch Körpersprache mitzuteilen, was wir wollen. Dies ist die häufigste Ursache für Missverständnisse zwischen Mensch und Tier.

Wiehern, Brummen, Quieken

Pferde wiehern selten und oft nur dann, wenn sie mit so genannten „Distanzrufen" Artgenossen in der Ferne auf sich aufmerksam machen wollen. Sehr viel häufiger ist ein tiefes Brummen zuhören. Damit ruft eine Stute nach ihrem Fohlen. Erwachsene Pferde begrüßen so ihnen bekannte Artgenossen oder ihre Menschenfreunde. Vor allem in der Herde hört man oft ein schrilles Quieken, das größten Ärger zum Ausdruck bringt. Sowohl Stuten als auch Wallache setzen dieses Kampfgeschrei ein, während sie sich Hintern an Hintern umherschieben oder mit den Hinterfüßen nacheinander ausschlagen. Rossige Stuten quieken auch, wenn sich ein Hengst oder Wallach interessiert nähert, sie jedoch zum Decken noch nicht bereit sind.

Wer die Grundbegriffe der Pferdesprache beherrscht, schafft die Voraussetzung für einen entspannten und freundschaftlichen Umgang.

Ohren senden und empfangen Botschaften

Pferdeohren sind sehr beweglich und nach allen Richtungen drehbar. Sie sagen im Zusammenspiel mit anderen Elementen der Körpersprache sehr viel über das Befinden des Pferdes aus. Leicht zur Seite oder nach hinten geneigt, ist Entspannung angesagt. Gespitzte Ohren signalisieren Interesse. Mit aufgerichtetem Hals und Kopf, weit aufgerissenen Nüstern, gespanntem Rücken und erhobenem Schweif signalisieren sie höchste Anspannung. Flach nach hinten angelegte Ohren, ein nach vorne gestreckter Hals und Kopf sowie verspannte Lippen sagen: „Nimm dich in Acht vor mir!"

Pferde können die Ohren unabhängig voneinander bewegen und so ihrem Reiter zuhören, während sie ihrer Umwelt gleichzeitig mindestens ebenso viel Aufmerksamkeit schenken. Das Ohrenspiel allein ist jedoch nur die halbe Botschaft. Erst in Verbindung mit Körperhaltung und der übrigen Gesichtsmimik wissen Artgenossen und Menschen dann wirklich, was das Pferd zum Ausdruck bringt.

Stimmungsbarometer Pferdemaul

Oft wenig beachtet, zeigt auch das Maul, in welcher Stimmung das Pferd ist. Während Schlaf- und Entspannungsphasen sind die Lippen dick und locker. Manche Pferde klappen die Unterlippe sogar herunter und das Pferd bekommt einen aus Menschensicht dümmlichen Gesichtsausdruck. Bei leichtem Unwillen spannt das Pferd auch mal die Unterlippe an und eine kleine Stufe entsteht. Fühlt ein Pferd sich überhaupt nicht wohl oder hat Schmerzen, kann man dünne, stark zusammengepresste Lippen beobachten. Meist zeigt das Pferd dazu scharfe Falten in den Maulwinkeln. Die Nüstern sind auch ohne Belastung deutlich geweitet, manchmal aber auch zusammengekniffen.

Fohlen und rangniedere Tiere zeigen häufig das so genannte Unterlegenheitskauen. Sie öffnen das Maul und ziehen dabei die Ober- und Unterlippe über die Zähne. Mit Kaubewegungen signalisieren sie dem Artgenossen, dass sie seinen höheren Rang vorbehaltlos akzeptieren.

Am schönsten ist das Spielgesicht. Das Pferd macht eine spitze Oberlippe und zieht diese weit über die Unterlippe vor. Auch zum Betteln oder bei freundschaftlicher Annäherung zeigen Pferde diese Mimik.

Das Fohlen macht „Mäulchen“ und kaut. Es bittet so den Artgenossen: „Tu mir nichts!“

Der Schimmel (li.) macht ein kleines Nickerchen und blickt entspannt ins Leere. Der Palomino beobachtet dagegen sehr aufmerksam, was vorgeht.

Sprache durch Bewegung

Auch ihre Gliedmaßen setzen Pferde ein, um Botschaften über ihre Stimmungslage zu versenden. Mit dem Aufstampfen der Vorderbeine bringen sie Ärger und Ungeduld zum Ausdruck. Scharren kann Aufforderung und Betteln sein. Die erste Begegnung zwischen unbekannten Pferden wird meist von dem kräftigen Ausschlagen eines Vorderbeines begleitet. Das Anheben eines Hinterbeines bis unter den Bauch signalisiert: „Komm mir nicht zu nahe, sonst knallt es!“ Ein leicht angezogenes und auf den Zehenspitzen abgestelltes Hinterbein dagegen zeigt: „Ich gönne mir eine Ruhepause und möchte nicht gestört werden.“

Pferde kommunizieren auch, indem sie verschiedene Positionen zueinander einnehmen. Sind sie freundschaftlich gesonnen, nähern sie sich in ruhigem Tempo von der Seite und steuern die Schulter des Kameraden an. Kommen sie aber direkt von hinten, nehmen sie eine treibende Position ein und wirken aggressiv. Dabei fixieren sie das andere Pferd meist mit den Augen. Das Wissen um diese Positionen nutzen viele Ausbilder für ihre Arbeit mit Pferden.

Auch beim Imponiergehabe spielt der Bewegungsablauf des Pferdes eine große Rolle: Die Pferde zeigen einen kraftvollen, schwebenden Trab mit hohen, weiten Bewegungen. Dabei wölben sie den Hals auf und laufen in einer Beizäumung, wie es sich Dressurreiter nur wünschen können..

Sprich mit dem Pferd, plausche mit ihm wie mit einem kleinen Kinde, dann wird dich das Pferd verstehen, denn du wirst darauf achten, dass deine Gebärden verständlich seien.

RENÉ GUÉNON

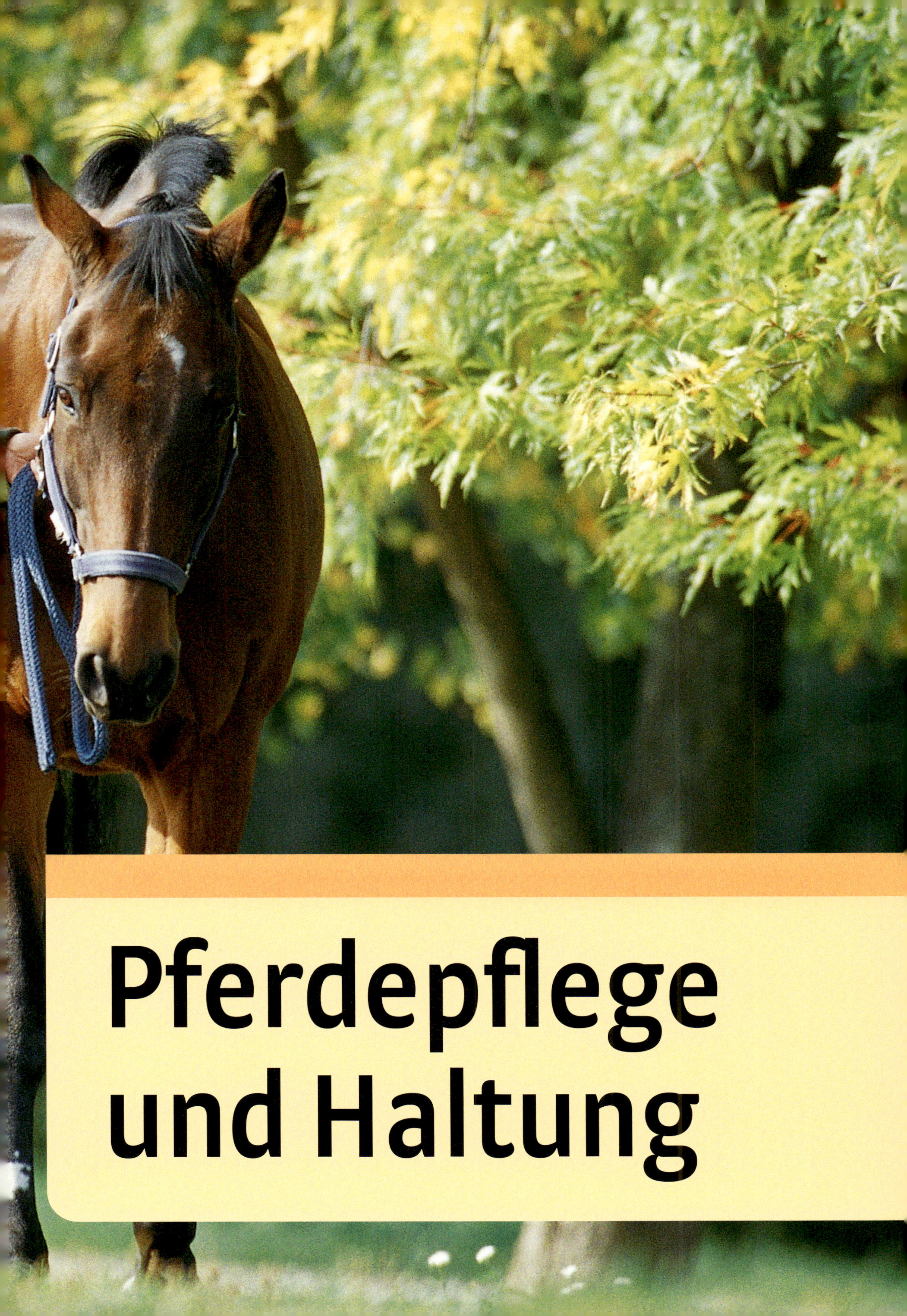

Pferdepflege und Haltung

Einzel- oder Gruppenhaltung?

Pferde sind Flucht- und Herdentiere, die sich in einer Gruppe mit Artgenossen am wohlsten fühlen. Hier können sie sicher sein, dass einer wacht, während sie dösen oder sich ein paar Minuten Tiefschlaf gönnen. In der Herde finden sie Freunde und Gefährten zum Spielen und Toben. Moderne Laufställe erfüllen diese Bedürfnisse.

In einer Pferdeherde gibt es eine weitgehend gefestigte Rangordnung, die von den meisten Mitgliedern akzeptiert wird. Konflikte entstehen am ehesten, wenn Jungpferde ihre Grenzen suchen oder neue Pferde in die Herde eingegliedert werden. Der „Neue" muss sich von hinten nach vorne in der Rangordnung durchkämpfen, bis er seinen festen Platz in der Gemeinschaft gefunden hat.

Aber selbst unsichere, ängstliche und rangniedere Tiere fühlen sich in einer Herde wohler als in einer abgeschirmten Einzelbox. Die beste Haltungsform, um das gesamte Verhaltensspektrum auszuleben, das die Natur einem Pferd mitgegeben hat, ist deshalb die Gruppenhaltung in einem großzügigen Laufstall oder auf der Weide. Diese Pferde sind sehr ausgeglichen und dem Menschen gegenüber meist respektvoller und kooperativer als Boxenpferde.

Pferde-WG Laufstall

Der ideale Laufstall hat getrennte Funktionsbereiche für Fressen, Trinken und Spielen sowie eine eingestreute Liegefläche zum Ruhen. Dazwischen sollten die Pferde sich reichlich bewegen können. Die Bereiche sind

Ein Gruppenlaufstall mit freier Auswahl zwischen frischer Luft und überdachter Ruhefläche ist die ideale Haltungsform für das Herdentier Pferd. Das einzelne Tier muss jedoch ausreichend Platz haben, um sich auch mal in Ruhe zurückziehen zu können. Laufstallpferde sind meist im Umgang sehr ausgeglichen.

durch beidseitig umgehbare Barrieren getrennt, so dass Pferde rangniedrigere Artgenossen nicht in eine Ecke drängen und belästigen können. Laufställe sollten immer wenigstens zwei Ein- und Ausgänge, am besten aber eine offene Frontseite haben. Für kranke oder verletzte Tiere ist eine geräumige Notbox vorhanden.

Die Fütterung im Laufstall erfolgt am besten in Fressständern, die man während des ersten Heißhungers oder zur Gabe von Kraftfutter hinten verschließt. So können auch rangniedere Tiere in Ruhe fressen. Moderne Ställe haben Fütterungsautomaten. An Halsbändern tragen die Tiere Transponder, die dem Computer das Tier am Fressplatz melden und die ihm zustehende Futtermenge zuteilen. So können Pferde entsprechend ihren natürlichen Bedürfnissen den ganzen Tag über kleine Mengen Futter aufnehmen.

Paddockbox: Zimmer mit Aussicht

Paddockboxen sind ein Kompromiss aus der Laufstallhaltung mit viel frischer Luft und der Einzelhaltung in der Box. Sie eignen sich für Pferde, die sich nicht in eine Herde eingliedern lassen, Hengste oder Sportpferde. Meist ist vom Paddock aus ein begrenzter Körperkontakt zu Artgenossen möglich, der gegenseitige Fellpflege oder kleine Spielereien erlaubt, vorausgesetzt natürlich, die Nachbarn vertragen sich.

Die Paddockbox befriedigt einige Bedürfnisse des Pferdes, bietet aber keine ausreichende Bewegung.

Verhaltensregeln im Laufstall

Kraftfutter oder Leckerli nie einzelnen Tieren im Stall füttern. Leicht kann der Mensch in eifersüchtige Streitereien zwischen den anderen Herdenmitgliedern hineingeraten.

Decken und Halfter bergen eine potenzielle Verletzungsgefahr für die Pferde. Eingedeckte Pferde sollten zum Abschwitzen deshalb getrennt gestellt werden. Die Laufstallhaltung erfordert von Pferdebesitzern viel Wissen über das Pferdeverhalten, schließlich müssen sie ihr Pferd zum Reiten oder Putzen aus einer größeren Gruppe herausholen.

Boxen mit sehr großer Grundfläche und Paddock eignen sich für die Haltung befreundeter Pferde in Zweiergruppen. Die Paddockbox sollte wenigstens doppelt so groß wie eine normale Box sein. Die Box selbst muss Schutz vor Kälte und Zugluft bieten.

Zur Not: Boxenhaltung

Die Box kommt den natürlichen Bedürfnissen von Pferden am wenigsten entgegen. Deshalb sind die Anforderungen an Boxen auch am größten: Für Großpferde gilt ein Mindestmaß von 3 x 3 Metern als Richtwert. Berührungen mit Artgenossen – wenigstens aber Sichtkontakt – sollten möglich sein. Trotzdem braucht das Pferd so viel Platz, dass es von Nachbarn nicht belästigt werden kann. Ein Fenster nach außen bietet dem Pferd Abwechslung. Die Stalldecke sollte sich mindestens in doppelter Widerristhöhe befinden und der Stall hell und gut belüftet (nicht aber zugig) sein.

Unverträgliche Nachbarn werden am besten getrennt, den ständige Unruhe und Schlagen gegen die Boxenwände nervt den Menschen und stresst die Pferde. Tägliches Reiten oder Longieren muss bei Boxenpferden durch ausreichend Koppelgang ergänzt werden, um Kreislauf, Atemwege, Verdauung und den Bewegungsapparat gesund zu erhalten.

Boxen sind ein „Wohnklo mit Kochnische" und Pferde eigentlich reinliche Tiere. Dementsprechend muss die Box täglich sauber gemistet werden, damit keine gefährlichen Ammoniakdämpfe entstehen können, die die Atemwege schädigen.

Was Pferde fressen

Gutes Futter und reichlich Bewegung sind in der Pferdehaltung untrennbar verbunden: Pferde haben ein empfindliches Verdauungssystem, das sich im Laufe der Entwicklung dem Leben im weiten Grasland angepasst hat. Besonders wichtig ist die sorgfältige Auswahl eines qualitativ hochwertigen Futters, das über den Tag verteilt angeboten wird, um die sensible Verdauung in Schwung zu halten.

Pferde fressen ständig, denn sie haben im Verhältnis zu ihrer Körpergröße einen sehr kleinen Magen. Für ein Fluchttier wäre ein großer, voller Magen auch nur hinderlich. Deshalb sollten sie über den Tag verteilt kontinuierlich kleine Futtermengen aufnehmen und sich gleichzeitig bewegen können.

Die Pferdeverdauung ist ein sehr empfindliches System. Die Hauptarbeit verrichtet ein rund 40 Meter (!) langer Darm. Zu viel oder falsches Futter, aber auch kurzfristige Futterumstellungen verursachen schwere, schmerzhafte Verdauungsstörungen – so genannte Koliken – die auch tödlich ausgehen können. Zu eiweiß- und kohlenhydratreiches Futter kann eine Hufrehe auslösen.

Die Pferdeweide: fressen, schlafen, laufen

Eine große Weide kommt dem natürlichen Lebensraum der Pferde am nächsten. Auf ihr können sie fressen, im Schatten ruhen und soziale Kontakte pflegen.

Pferdeweiden benötigen eine fachkundige Pflege, da sie durch tiefen Verbiss und Tritt stark beansprucht werden. Pferdeäpfel müssen regelmäßig abgesammelt werden, damit sich die Tiere nicht mit ausgeschiedenen Darmparasiten neu infizieren. Bei regnerischem Wetter sollten Pferde sich auf einem befestigten Auslauf aufhalten, um die aufgeweichte Grasnarbe auf kleinen Flächen zu schonen. Ein sicherer Elektrozaun ist für Kleinpferde mindestens 130 cm, für Großpferde 150 cm hoch.

Stundenlanges Fressen zusammen mit Bewegung kommt der Natur des Pferdes am nächsten.

Rau- und Saftfutter

Im Sommer deckt frisches Gras den Grundbedarf des Pferdes an gutem Futter. Im Winter bekommen Pferde Heu und Futterstroh. Hochwertiges Futter ist staub- und schimmelfrei! Die Fütterung von Silage oder eingeweichten Grascops ist eine Alternative, besonders für Pferde mit Heustauballergie.

Möhren, Futterrüben oder Äpfel sind in Maßen verfüttert eine saftige Abwechslung auf dem sonst eher trockenen Speisezettel des Winters.

Der Futterbedarf zur Grunderhaltung des Pferdes liegt bei etwa 1 – 1,5 Kilogramm Heu pro Tag je 100 Kilogramm Lebendgewicht. Leichtfuttrige Pferde (wie zum Beispiel Ponys) bekommen etwas weniger, schwerfuttrige Pferde etwas mehr.

Kraft- und Zusatzfutter

Pferde, die durch viel Arbeit, Krankheit oder Trächtigkeit einen erhöhten Energie- und Eiweißbedarf haben, bekommen zusätzlich Kraftfutter. Das besteht meist aus fertigen Mischungen mit Getreidebestandteilen. Kraftfutter gibt es als fertiges Müsli oder Pellets. Vielerorts wird aber auch nur Hafer oder Gerste gefüttert, die frisch gequetscht gut verdaulich sind.

Mineralfutter in Form von Pellets oder Briketts soll Lücken bei der Mineralstoff- und Vitaminversorgung schließen. Auch ein Salz- und Minerallleckstein sollte Pferden ständig zur Verfügung stehen.

Kranken, sehr mageren, alten oder im Fellwechsel befindlichen Pferden kann man über längere Zeit gekochten Leinsamen, das so genannte Mash, füttern. Auch ein wenig Öl im Futter kann in solchen Fällen sinnvoll sein.

Das Absammeln der Pferdeäpfel gehört zur regelmäßigen Weidepflege – und kann Spaß machen!

Als Belohnungsfutter eignen sich Leckerlis, die man kaufen oder auch selber herstellen kann. Auch getrocknetes Brot (kein geschimmeltes!), Äpfel oder Karotten sind beliebt und gesund dazu. Zucker und Bonbons schaden den Zähnen und sollten nicht verfüttert werden!

Fütterungstipps

- Grundfutter am Boden an einem sauberen Platz anbieten. Hohe Heuraufen bergen Verletzungsgefahren. Die Pferde können nicht in natürlicher Haltung fressen und atmen außerdem viel Staub ein. Der Trog für das Kraftfutter sollte sich maximal auf Brusthöhe befinden.
- Die passende Ration, abhängig von der Arbeitsleistung des Pferdes, kann man mit Rationsrechnern am Computer oder im Internet zusammenstellen.
- Ein Pferd ist ausreichend versorgt, wenn man die Rippen beim Überstreichen mit der Hand spüren, aber nicht sehen kann. Achtung: Viele Freizeitpferde sind zu dick. Das schadet der Gesundheit!
- Am besten sind mehrere kleine Mahlzeiten in ruhiger Atmosphäre. Im Offenstall bewähren sich Fressständer, die rangniederen Pferden zu einer ruhigen Mahlzeit verhelfen.
- Futterumstellungen müssen immer langsam und über mehrere Tage, beim Anweiden im Frühjahr auch über mehrere Wochen erfolgen.
- Gepresste Futtermittel wie Grascops oder Zuckerrübenschnitzel müssen immer über mehrere Stunden eingeweicht werden, um eine gefährliche Schlundverstopfung zu vermeiden.

Richtig putzen

Pferde betreiben auch in freier Wildbahn ausgiebig Körperpflege. Diese entspricht jedoch so gar nicht der von uns Menschen: Am liebsten wälzen sich Pferde ausgiebig, um lose Haare oder unliebsame Fellbewohner loszuwerden. So sollten wir uns nicht wundern, wenn unser stundenlang sorgfältig geputzter Schützling die Aktion mit einem ausgiebigen Staub- oder Schlammbad auf der Koppel beendet.

Pferde, die nicht einzeln in der Box gehalten werden, wälzen sich gerne, schubbern sich an einem Baum oder lassen sich von Artgenossen das Fell kratzen. Wer sein Pferd eindeckt, um es sauber zu halten, nimmt ihm ein Stück Wohlfühlverhalten.

Fell mit Allwetterschutz

Pferde sind sehr beweglich und einfallsreich, wenn es um die Fellpflege geht. Am Bauch und hinter dem Kopf kratzen sie sich mit den Hinterhufen. Der Rest des Körpers wird, wenn erreichbar, mit den Zähnen bearbeitet. An Bäumen schubbern sie sich ausgiebig. Ein Besen in Laufstall oder Box angebracht, kommt dem Wohlfühlverhalten eines Pferdes deshalb sehr entgegen. Boxenpferde, die auf die Pflege ihrer Artgenossen verzichten müssen, sollten täglich geputzt werden.

Das Pferdefell bietet durch seinen Aufbau einen guten Wetterschutz. Die Haare leiten Regenwasser oberflächlich in kleinen Rinnsalen ab. Auch wenn besonders üppiges Langhaar eher eine Laune der Natur ist, so schützen Mähne und Schweif den Hals und die empfindliche Afterregion. Deshalb dürfen die seitlich wachsenden Haare im oberen Bereich der Schweifrübe bei Pferden, die sich im Freien aufhalten, keinesfalls geschnitten werden.

Direkt auf der Haut bilden Pferde eine dicke, wasserabweisende Talgschicht, die sie vor Nässe und Kälte schützt. Vor allem im Winter sind Pferde, die häufig im Freien sind, auf diesen natürlichen Schutz aus Talg, Unterwolle und Deckhaar angewiesen. Der Pferdekörper ist dann so gut isoliert, dass nicht mal Schnee durch die Körperwärme schmilzt.

Die große Wäsche

Verschwitzte Pferde genießen im Sommer eine ausgiebige Dusche nach dem Reiten. Dabei reicht es aber völlig, das Pferd mit dem Schlauch abzuspritzen und das Wasser mit einem Schweißmesser abzuziehen. Man beginnt mit der langsamen Abkühlung an den Vorderbeinen und geht über die Hinterbeine zu Rumpf und Rücken. Die porentiefe Reinigung mit dem Shampoo sollte eine Ausnahme bleiben, denn dieses entzieht der Haut die schützende Fett- und Talgschicht. Besonders Offenstallpferde werden deshalb so wenig wie möglich gewaschen. Lässt es sich nicht umgehen, dann bitte nur bei warmem, stabilen Sommerwetter und mit einem milden Shampoo. Nach dem Waschen haben die meisten Pferde ein ausgiebiges Bedürfnis, sich zu wälzen. Wir sollten Sie gewähren lassen!

Freundschaftlich gepflegt

In erster Linie schützt das Putzen vor Scheuerstellen überall da, wo Sattel, Gurt oder Zaumzeug liegen. Außerdem regt es die Durchblutung an. Die Muskeln werden leicht vorgewärmt und das Pferd auf die Arbeit vorbereitet. Putzen bietet eine gute Gelegenheit, sein Pferd zu beobachten und eventuelle Krankheiten früh zu entdecken. Es stärkt die Bindung zwischen Pferd und Mensch. Auch nach dem Reiten bürstet man das Pferd noch einmal gründlich, um juckenden Schweiß und lose Haare zu entfernen.

Geputzt wird von vorne nach hinten und von oben nach unten, immer in Strichrichtung des Fells. Groben Schmutz entfernt man am besten mit einem Gummi- oder Massagestriegel mit dicken Gummi-Noppen. Danach kommt die Feinarbeit mit dem Striegel und einer Kardätsche aus Naturhaar. Am Kopf verwendet man eine kleinere, weiche Bürste. Die muskellosen Bereiche der Beine bürstet und massiert man mit einer Wurzelbürste. Die Fesselbeugen dürfen dagegen nur mit einer feinen Bürste gereinigt werden, da die Haut hier empfindlich ist und Hautreizungen und eindringender Schmutz zu Mauke führen. Kötenbehang kann mit einer Wurzelbürste gereinigt und hin und wieder mit einem hautfreundlichen Shampoo gewaschen werden.

Dem Langhaar widmen viele Pferdebesitzer besondere Aufmerksamkeit. Mähne und Schweif werden mit einem groben Kamm oder einer einfachen Haarbürste aus weichem Kunststoff vorsichtig gebürstet. Stark verfilzte Haare können mit einem speziellen Mähnenpflegemittel entwirrt werden. Den Schweif kürzt man von Zeit zu Zeit auf der Höhe des Fesselgelenks. Sportpferden wird die Mähne „verzogen“. Dabei werden gleichmäßig kleine Haarbüschel ausgezupft und die Mähne dann gerade und gleichmäßig abgeschnitten. Dressurpferden flicht man die Mähne bei Turnieren gerne ein. Norwegerpferde tragen häufig die typischen Stehmähnen.

Wetterprofi

Das Pferd hat ein ausgeklügeltes Thermoregulationssystem, das bestens mit Temperaturschwankungen und schlechtem Wetter zurechtkommt, wenn die Tiere es gewöhnt sind. Man sollte lediglich verhindern, dass Pferde „von innen und außen“ nass werden, sprich bei Regen und Kälte stark schwitzen. Scheren und Eindecken ist meist überflüssig und allenfalls bei Sportpferden, die ein intensives Wintertraining absolvieren, sinnvoll.

Einmaleins der Hufpflege

„Ohne gesunde Hufe kein gesundes Pferd, heißt ein altbekanntes Sprichwort. Neben der täglichen Kontrolle und Pflege müssen die Pferdehufe deshalb regelmäßig von ausgebildeten Fachleuten gekürzt, korrigiert und wenn nötig beschlagen werden, um zu starke Abnutzung oder einseitige Belastungen zu beheben.

Hufe richtig auskratzen

Zur täglichen Hufpflege gehört das Auskratzen der Hufe. Schmutz und Mistreste, die zu Strahlfäule führen können, werden dadurch ebenso entfernt wie Fremdkörper, die sich möglicherweise in der Strahlfurche oder unter dem Hufeisen festgesetzt haben. Beim Hufe auskratzen beginnt man mit der Strahlfurche vom Ballen Richtung Strahlspitze. Danach setzt man in den Ecken zwischen Eckstreben und Hufrand an und reinigt die Sohle, immer von den Trachten in Richtung Zehe.

Ist der Strahl und das Hufhorn kräftig und elastisch, sind weitere Maßnahmen überflüssig. Sind sie jedoch spröde und trocken, sollten die Hufe in einem Eimer gewässert werden. Einfetten dient mehr der Optik, als dass es eine Wirkung auf den Huf hat. Tut man es doch, sollte man den Strahl aussparen, denn nur über diesen kann der Huf wichtige Feuchtigkeit von außen aufnehmen und elastisch bleiben.

Zeigt der Huf starke Querrillen und -risse oder eine sehr dünne, instabile Hufwand, ist dies ein Hinweis auf Fütterungsprobleme oder Stoffwechselerkrankungen. Hier hält man am besten zunächst Rücksprache mit dem Tierarzt, der anhand einer Blutuntersuchung eventuelle Mängel abklären kann. Auch überstandene Infekte hinterlassen häufig Hufrillen. Längsrillen von der Zehe Richtung Kronensaum muss der Hufschmied behandeln.

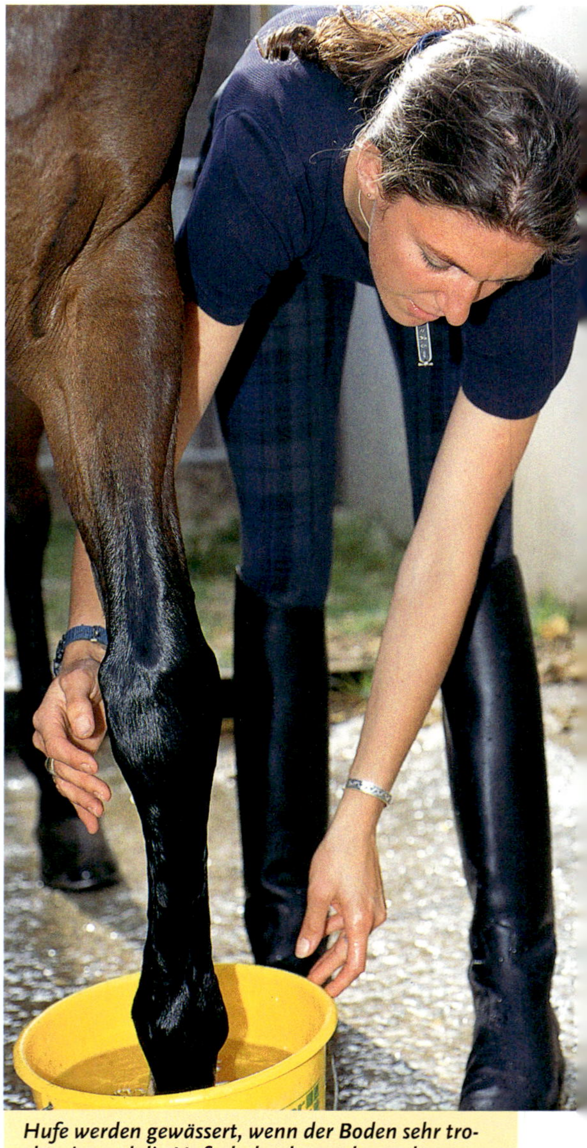

Hufe werden gewässert, wenn der Boden sehr trocken ist und die Hufe dadurch spröde werden.

Check für einen guten Beschlag

Ein gutes Eisen ist dem Huf des Pferdes angepasst und nicht umgekehrt, dabei weit genug, so dass der Huf ausreichend Platz zum Wachstum hat. Die hintersten Nägel sitzen maximal an der breitesten Stelle des Hufes, um dem Bewegungsmechanismus im Trachtenbereich ausreichend Platz zu geben. Die Eisenschenkel schließen in einer senkrechten Linie mit dem Ballen ab. An der Spitze ist die Zehenrichtung sorgfältig angeschmiedet, um das flüssige Abrollen zu ermöglichen. Der Strahl trägt mit.

Barfüßig, beschlagen oder beschuht?

In der Regel sind Pferde mit Hufeisen beschlagen. Da der Huf kontinuierlich wächst, passt der Schmied regelmäßig alle 6–10 Wochen (je nach Wachstumsgeschwindigkeit und Abnutzung) die Eisen neu an. Durch einen orthopädischen Beschlag kann er auch Fehlstellungen der Hufe korrigieren. Außerdem kann der Schmied mit unterschiedlich dicken Eisen an Vorder- und Hinterhufen den Takt bei Gangpferden korrigierend beeinflussen.

Das alte Eisen wird zunächst abgenommen, der Huf am Tragrand gekürzt und der Strahl ausgeschnitten. Danach werden neue oder die aufgearbeiteten alten Eisen wieder auf den Huf angepasst. Beim üblichen Heißbeschlag wird das noch glühende Eisen kurz auf die Sohle gedrückt, um eine ganz glatte Auflagefläche für das Eisen zu erhalten, unter die später keine Fremdkörper rutschen können. Nach dem Abkühlen nagelt der Schmied die Eisen auf, vernietet die Nägel und raspelt auf dem Bock überstehende Hornreste am Hufrand weg. Beim selteneren Kaltbeschlag wird das Eisen nicht aufgebrannt.

Bei Bedarf kann der Schmied unter den Eisen stoßdämpfende Leder- oder Kunststoffeinlagen anbringen. Hufgrip aus Gummi verhindern im Winter, dass sich Schnee in den Eisen festsetzt und „aufstollt".

Beschlagsarbeiten darf nur ein ausgebildeter Hufschmied durchführen. Andere Pflegearbeiten, Ausschneiden und die Anpassung eines alternativen Hufschutzes können auch Hufpfleger übernehmen.

Alternativ zum starren Hufeisen gibt es mittlerweile eine Vielzahl von relativ elastischen Kunststoffbeschlägen. Eine weitere Möglichkeit, um die Hufe zu schützen, sind Hufschuhe, die nur zum Reiten angebracht werden. Vor dem „Anziehen" müssen die Hufe jedoch gründlich gereinigt werden, damit nichts drückt und scheuert.

Pferde mit guten Hufen, die überwiegend auf abriebarmen Wegen geritten werden, können auch barfuß, also ohne zusätzlichen Hufschutz, laufen. Bei ihnen muss regelmäßig der Hufrand geraspelt werden, um ein Ausbrechen zu vermeiden. Alle paar Wochen sollte dies von einem Fachmann vorgenommen werden, um auch rechtzeitig Fehlstellungen und ungleiche Abnutzung zu erkennen und zu beheben. Schiefgelaufene Hufe können ebenso wie ausgetretene Schuhe bei uns Menschen langfristig zu Gelenkproblemen führen.

Beim Barfußhuf ist es wichtig, auf eine regelmäßige Pflege und Korrektur zu achten.

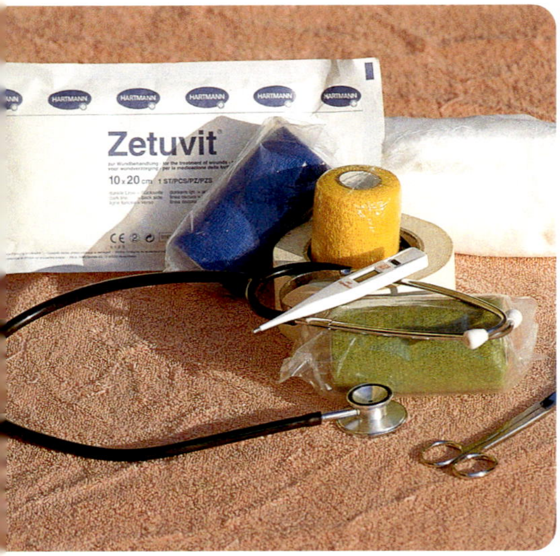

Das gesunde Pferd

Gesundheit und Wohlbefinden sind die wichtigsten Voraussetzungen für die Leistungsfähigkeit eines Pferdes. Routinearbeiten im Stall oder das Putzen sind für Besitzer und Pfleger die beste Gelegenheit, das Verhalten des Pferdes zu beobachten. Pferde sind Individuen mit unverwechselbaren Eigenheiten und Vorlieben. Der vertraute Mensch stellt deshalb schnell fest, ob das Tier sich wohl fühlt.

So sieht ein gesundes Pferd aus

Gesunde Pferde zeigen mit aufmerksam gespitzten Ohren Interesse an ihrer Umwelt. Wenn sie ruhen, hängen die Ohren entspannt zur Seite. Die Pferde blicken freundlich aus wachen Augen und zeigen ein ausgeglichenes Verhalten. Sie haben einen guten Appetit und trinken regelmäßig kleinere Portionen Wasser. Der Futterzustand gibt einen Hinweis auf Fütterungs- oder Stoffwechselprobleme. Die Rippen sollten zu spüren, nicht jedoch zu sehen sein. Das Fell hat einen seidigen Glanz. Die Beine sind trocken und klar, die Hufe ohne Rillen und Risse. Das Pferd läuft taktrein und belastet alle vier Füße gleichmäßig. Die Nüstern sind sauber und trocken.

Wer sich täglich mit seinem Pferd beschäftigt, wird auf den ersten Blick feststellen, ob es ihm gut geht. Erst ein weiterer Blick gibt aber Aufschluss darüber, ob es nur einen schlechten Tag hat oder wirklich etwas ausbrütet. Ist das Pferd anhaltend lustlos, sollte ein Tierarzt nach dem Rechten sehen. Im Zweifel können die so genannten PAT-Werte für Puls, Atmung und Temperatur einen Aufschluss über den Gesundheitszustand des Pferdes liefern. Den Puls kann man in der Kinngrube, unter der Schweifrübe, am Ellbogen oder am Vorderfußwurzelgelenk messen. Zur Ermittlung der Atemfrequenz beobachtet man die Nüstern oder den Bauch. Fieber misst man im After. Dazu hebt

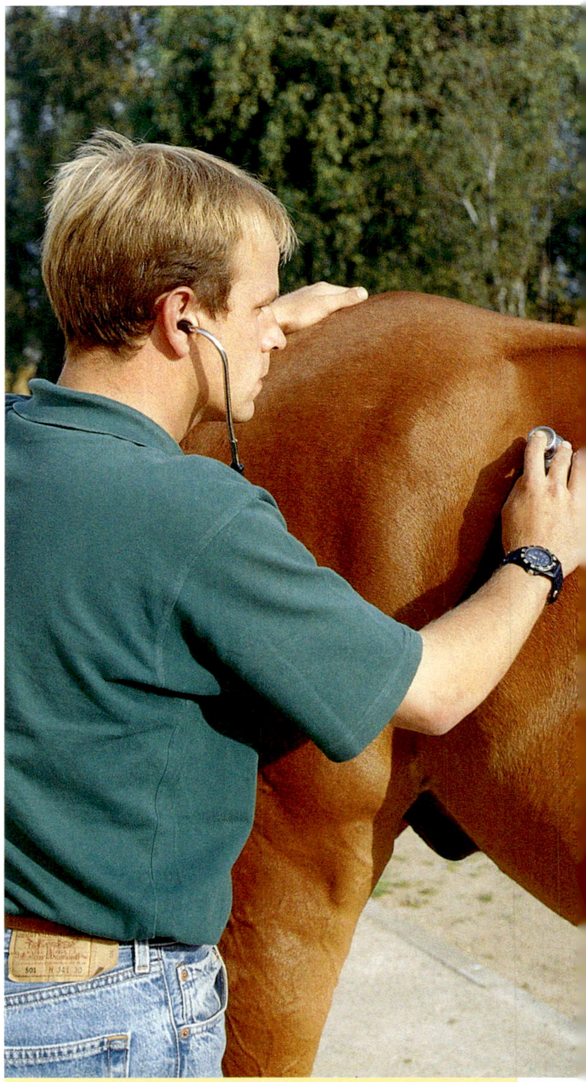

Einer Behandlung durch den Tierarzt geht immer eine gründliche Untersuchung des Pferdes voraus.

Die Stallapotheke

Um im Notfall schnell eingreifen zu können, ist es ratsam, sich eine gut sortierte Stallapotheke anzulegen und diese griffbereit, aber kühl zu lagern. Hinein gehören sterile Wundabdeckungen, Polster- und Verbandswatte, selbsthaftende Binden und Bandagen, kräftiges Klebeband für Hufverbände, saubere Tücher und eine scharfe Schere mit stumpfer Spitze. Wichtig sind außerdem ein Fieberthermometer, eine Pinzette, eine Zeckenzange, farbloses Desinfektionsspray, Wund- und Kühlsalben sowie griffbereite Akkus mit Kühlgel. Bachblüten-Notfalltropfen helfen dem verletzten Tier und einem aufgeregten Menschen über den ersten Schrecken weg. Im Stall sollte für alle gut sichtbar die Telefonnummer von Tierarzt und Schmied angebracht sein, ebenso die Telefonnummer des Pferdebesitzers und von Personen, die in seiner Abwesenheit wissen, was zu tun ist.

man die Schweifrübe an und hält das Fieberthermometer unbedingt während der Messung fest oder befestigt es mit einem Bindfaden und einer Wäscheklammer am Schweif.

Gesundheitsvorsorge

Einmal im Jahr sollte der Tierarzt dem Pferd ins Maul sehen und die Zähne kontrollieren. Zahnhaken, die sich durch ungleichen Abrieb der Backenzähne bilden, können dem Pferd beim Fressen Schmerzen bereiten und sogar eine Kolik verursachen. Auch Widersetzlichkeiten gegen das Gebiss können auf Zahnprobleme hinweisen.

Welche Impfungen sinnvoll sind, bespricht man am besten mit dem Tierarzt. Gegen Tetanus und Tollwut sollte jedes Pferd geimpft sein. Pferde, die an Wettbewerben oder organisierten Ritten teilnehmen, müssen über einen ausreichenden Impfschutz gegen Influenza verfügen. In manchen Regionen empfiehlt sich auch eine Impfung gegen Druse.

Nicht weniger wichtig als Impfungen sind Wurmkuren. Pferde sollten viermal im Jahr entwurmt werden, am besten der gesamte Pferdebestand gleichzeitig. Idealerweise geschieht dies im Frühjahr vor dem Weideauftrieb, während der Weidesaison, am Ende der Weidesaison und noch einmal im Winter (gegen Dassellarven).

Bis der Tierarzt kommt

Hat sich ein Pferd verletzt oder zeigt es Anzeichen einer ernsten Erkrankung, heißt es in allererster Linie: Nerven bewahren. Werden die Symptome bereits am Telefon möglichst genau beschrieben, kann der Tierarzt Anweisungen zur ersten Hilfe geben.

Während Bewegung bei einer Kolik zur Linderung der Beschwerden beitragen kann, richtet sie bei Kreuzverschlag und Hufrehe Schaden an. Wer mit Pferden umgeht, ist deshalb gut beraten, sich mit den Anzeichen der wichtigsten Krankheiten vertraut zu machen, um richtig und besonnen zu handeln.

Kleinere Kratzer und Schürfwunden müssen meist nicht tierärztlich versorgt werden. Sie können nach gründlicher Reinigung mit einer desinfizierenden Wundsalbe behandelt werden. An den Gliedmaßen entstehen jedoch leicht Infektionen, hier holt man besser gleich den Tierarzt.

Blutungen können durch vorübergehenden Druck auf die Wunde gestillt werden. Offene Wunden, die möglicherweise genäht oder geklammert werden müssen, sollten auf keinen Fall vorab mit Wundsalbe behandelt werden. Dem Tierarzt ist es sonst nahezu unmöglich, noch Fremdkörper in der Wunde zu finden.

Infektionskrankheiten dürfen nicht verschleppt werden, denn schnell ist der gesamte Pferdebestand krank. Das ärgert nicht nur die betroffenen Besitzer, sondern beeinträchtigt auch jedes einzelnen Pferd in seiner Gesundheit. Bei den ersten Anzeichen von Leistungsschwäche und Appetitmangel sollte deshalb das Fieberthermometer für Klarheit sorgen. Anhaltender Husten und Nasenausfluss ist ein Grund, sofort den Tierarzt zu holen. Atemwegserkrankungen sind für das Lauftier Pferd eine ernst zu nehmende Gesundheitsgefahr.

PAT-Werte eines erwachsenen Pferdes

- **Puls**
  28 – 40 Schläge pro Minute
- **Atemfrequenz**
  8 – 16 Atemzüge pro Minute
- **Körpertemperatur**
  37,0 bis 38,0°C

Pferderassen

Die Einteilung der Pferderassen

Pferde sind heute weltweit zu Hause, vom Polarkreis im Norden bis nach Feuerland im Süden. Einige Rassen blicken auf über Tausend Jahre Zuchtgeschichte zurück, andere entsprangen zufälligen Anpaarungen von Tieren, wieder andere durch gezielte Auswahl für einen bestimmten Verwendungszweck. Eine nachvollziehbare Ordnung in das Kunterbunt der Rassen zu bringen, ist deshalb gar nicht einfach.

Die vier Urtypen

Aus wissenschaftlicher Sicht werden die Pferderassen einem von vier Urtypen zugeordnet. Doch selbst Pferdekennern fällt dies auf den ersten Blick oftmals schwer.

Das Nordpony war ein mittelgroßes, kräftiges Pferdchen mit einem Stockmaß von etwa 120 cm, das in Nordeuropa und Ostasien lebte. Es war an feucht-kaltes Klima angepasst, mit glattem, festem Sommerfell und einem Winterfell mit dicker Unterwolle, das bestens gegen Wind, Nässe und Kälte schützte.

Das Tundrenpony lebte entlang des nördlichen von Pferden besiedelten Lebensraums mit sehr kaltem Klima. Es war deutlich größer, ca. 140 bis 170 cm, dazu gröber und massiger im Bau und ruhiger im Temperament. Die gute Futterverwertung des Tundrenponys kennen wir heute von Kaltblütern und vielen schweren Ponyrassen.

Das Ramskopfpferd lebte in wärmeren Regionen von Asien bis Nordafrika. Seine Größe lag bei 140 bis 160 cm Stockmaß, die Nachkommen waren eher großwüchsig.

Es gibt eine Vielzahl von Pferderassen, die sich nicht nur im Aussehen, sondern auch in ihrer Eignung für verschiedene Reitweisen unterscheiden.

Keine Frage der Bluttemperatur

Pferderassen werden in Vollblüter, Warm- und Kaltblüter und Ponys eingeteilt. Doch hat dies nichts mit der tatsächlichen Temperatur des Lebenssafts zu tun, sondern beschreibt das Temperament der Tiere: Kaltblüter sind meist ruhig und gelassen, während Warm- und Vollblüter leistungsbereit und energisch, manchmal sogar mit überschäumendem Temperament auftreten.

Aber auch das Exterieur der Pferde hat man bei dieser Einteilung im Blick. Zum einen gibt eher leicht gebaute Pferde und solche schweren Kalibers. Zum anderen entscheidet das Stockmaß über die Einteilung der Einhufer in Pferde und Ponys. Letztere dürfen 148 cm Stockmaß, das internationale Ponymaß, nicht überschreiten. Dabei kommen auch sie sehr uneinheitlich daher. Welsh- und Reitponys zum Beispiel sind leicht gebaute, spritzige Mini-Vollbluttypen, während Fjordpferde schwere, kalibrige Pferde sind, die noch deutlich die Merkmale ihrer wildlebenden Vorfahren tragen.

Dieses Kaltblut ist eindeutig ein kalibriger Typ.

Diese Pferde lebten in lockeren Herdenverbänden und waren sehr wehrhaft. Zu den Nachkommen des Ramskopfpferdes zählen Berber und Sorraia-Pferde.

Das Steppenpferd ist mit etwa 120 cm Stockmaß die kleinere Ausgabe der Südpferde. Es lebte in den Subtropen zwischen Südasien und Ägypten. Das geringe Nahrungsangebot zwang es zu weiten Wanderungen, auf denen es sicher auch Steppenpferd und Nordpony begegnete und erste Kreuzungen entstanden.

Selektion und Pferdezucht

Die meisten Rassen sind heute weitgehend durchgezüchtet und homogen in ihren Eigenschaften. Das heißt, sie vererben die Merkmale, auf die gemäß ihrer ursprünglichen Verwendung selektiert wurde, mit hoher Wahrscheinlichkeit weiter. So kann man Pferde auch getrost nach ihrer Eignung einteilen. Es gibt Rassen mit Spring- und Dressurtalent, Fahrpferde, Westernpferde oder Gangpferde mit der Veranlagung für mehr als nur die Grundgangarten Schritt, Trab und Galopp.

Der massige Körper des Tundrenponys war über Jahrhunderte züchterische Basis für die Selektion schwerer Ritter-, Zug- und Arbeitspferde.

So unterschiedlich sind Pferde.

Andalusier und Lusitano

Andalusier und Lusitanos sind die bekanntesten Vertreter iberischer Pferde. Beide Rassen entwickelten sich aus heimischen Landschlägen, die sich während der arabischen Invasion im 8. Jahrhundert mit maurischen Pferden kreuzten. Der Einfluss des Arabers war dabei geringer als der des Berbers. Beeindruckend präsentieren sich die Iberer in der Doma Classica, wie die Spanier die Klassische Dressur nennen .

Andalusier und Lusitano kennt man vor allem von der Klassischen Schulreiterei. Sie hatten einen bedeutenden Einfluss auf andere Pferderassen, die heute unter dem Sammelbegriff „Barockpferd" zusammengefasst werden, besonders auf Lipizzaner, Frederiksborger, Kladruber, Neapolitaner und Friesen.

Das Stutbuch der iberischen Pferde wurde 1912 gegründet. Erst 30 Jahre später trennte man die Schläge Andalusier und Lusitano als Rassen. Der Andalusier, korrekter die „Pura Raza Española" (P.R.E.) stammt aus der südspanischen Gegend um die Städte Sevilla, Cordoba und Jerez de la Frontera, dem Sitz der spanischen Hofreitschule. Der Lusitano ist in Portugal zu Hause.

Beide Rassen sind sich sehr ähnlich und im Erscheinungsbild ausgesprochen edel. Der Andalusier zeigt etwas mehr arabischen Einschlag. Die Köpfe sind ausdrucksvoll und von einem sehr gut geschwungenen Hals getragen. Beim Lusitano findet man häufiger Ramsnasen. Die Rücken beider Rassen sind kurz, die Kruppen gut bemuskelt und fähig, Gewicht aufzunehmen. Dies ist eine wichtige Voraussetzung für die Lektionen der Hohen Schule. Die Beine sind trocken und manchmal etwas leicht. Lusitanos sind zwischen 150 und 160 cm groß, Andalusier etwas größer.

Die klassisch-iberische Reitweise drückt Stolz und Lebensfreude aus. Die natürliche Aufrichtung von Andalusier und Lusitano ist dabei von Vorteil.

Vorfahr der amerikanischen Gangpferde

Die Überlegenheit iberischer Krieger im Kampf zu Pferde beruhte vor allem auf den Reiteigenschaften ihrer Rösser: Sie ließen sich in perfekter Versammlung reiten. Die untergesetzte Hinterhand ermöglichte rasche, kurze Wendungen auf der Stelle, plötzliches Anspurten aus dem Stand und abruptes Parieren aus schneller Gangart. Übrigens verfügten die iberischen Pferde noch zur Zeit der Eroberung des amerikanischen Kontinents über eine Töltveranlagung, die in ihren süd- und mittelamerikanischen Nachkommen weiterlebt.

Appaloosa

Die Appaloosas sind die buntesten Vögel unter allen Pferderassen. Sie sind Nachkommen der getupften Pferde spanischer Einwanderer und die einzige Pferderasse, die von Indianern gezielt gezüchtet wurde. Mit rund 500.000 Tieren zählen die Appaloosas zu den beliebtesten Pferderassen in den USA. Erst seit 20 Jahren ist die untrennbar mit den Indianern verbundene Rasse auch in Europa heimisch.

Die Nez-Percé-Indianer aus dem Tal des Palouse Rivers im heutigen Idaho (USA) betrieben eine systematische Pferdezucht mit Mustangs und spanischen Pferden. Doch auf der Flucht vor den Weißen ging der friedliebende Stamm fast völlig unter. Aber auch unter den Siedlern fanden sich Liebhaber der bunten Pferde, diese begründeten 1938 mit den Nachkommen einer kleinen Restpopulation die moderne Appaloosa-Zucht.

Appaloosas stehen heute im Typ des getigerten Quarter Horses. Das auffälligste Merkmal ist das getupfte Fell, es überwiegen Plattenschecken. Es gibt auch einfarbige Appaloosas, doch diese müssen das „Menschenauge“ mit der weiß umrahmten Iris und das getüpfelte Krötenmaul aufweisen. Der Kopf des Appaloosa ist trocken und breit mit kleinen Ohren, der Hals mittellang, die Schulter schräg. Der Rücken ist kräftig, tief und breit. Dem Westerntyp entsprechend, haben Appaloosas eine kräftig bemuskelte Kruppe.

Die bunten Indianerpferde gelten als trittsicher, ausdauernd und schnell. Ihr gutmütiges, freundliches Wesen und der ausgeprägte „Cow-Sense“ machen sie als Arbeitspferd auf der Ranch, aber auch als Freizeitkamerad und Sportpferd in der Westernszene sehr beliebt. Mit 145 bis über 160 cm Stockmaß variiert die Größe stark.

„Colorful Heritage“, die Farbvielfalt, ist nicht alles, was den Appaloosa auszeichnet. Ruhe, Arbeitswille und Treue wird den Indianerpferden nachgesagt.

Araber

Pferdeadel wird wohl von keiner Rasse besser verkörpert als vom arabischen Vollblut. Es ist der Inbegriff eines schönen Pferdes und bis heute geschätzter Veredler vieler Pferde- und Ponyrassen. Die systematische Reinzucht der edlen Pferde begann bereits vor über 5.000 Jahren. Die bedeutendste schriftliche Überlieferung über den Araber findet sich jedoch im Koran.

Araber sind eine sehr alte Rasse und gehen auf die kleinen Steppenpferde zurück, die zwischen Südasien und Ägypten verbreitet waren. Einige Araberschläge verleugnen jedoch nicht ihre Abstammung vom etwas größeren Ramskopfpferdetyp, der in Asien, Südeuropa und Nordafrika beheimatet war.

Schon immer war der Araber ein besonders gehütetes Pferd und der Verkauf guter Pferde an Ungläubige sogar zeitweise verboten. Es existieren fünf Hauptlinien: Kuhaylan, Siglavi, Hadban, Hamdan und O'Bajan. Die World Arab Horse Organisation (WAHO) ist internationaler Ansprechpartner in allen Fragen der Araberzucht.

Temperament, Intelligenz und Anmut begeistern Araberfreunde auf der ganzen Welt. Viele Legenden ranken sich um diese edlen Pferde.

Seine Ausdauer und Härte beweist der Vollblutaraber im Distanzsport, den er unangefochten dominiert. Dies ist das Ergebnis der strengen Selektion sowohl der Beduinen, die besonderen Wert auf die Reinheit der Stämme legten, als auch der wasserarmen und lebensfeindlichen Wüstenlandschaft ihrer Herkunft.

Millionenteure Luxusgeschöpfe sind die reinen Showaraber. Darüber hinaus sind Araber aber im Westernsport und als Freizeitpartner sehr beliebt, während sie in den herkömmlichen Turnierdisziplinen meist weniger erfolgreich sind.

Der Araber hat einen kleinen, trockenen, ausdrucksvollen Kopf mit konkavem Profil, dem so genannte „Araberknick“. Die Augen sind groß und wach, die Ohren dagegen klein und typisch sichelförmig, die Nüstern groß, das Maul aber eher kurz. Der Hals ist deutlich geschwungen. Der kurze Rücken geht in eine kurze, waagerechte Kruppe mit hoch angesetztem Schweif über. Die Gliedmaßen sind trocken und leicht, dafür jedoch von legendärer Härte. Mit einem Stockmaß zwischen 145 und 155 cm ist der Araber ein mittelgroßes Pferd. Er kommt in allen Farben außer Schecken vor, wobei die Schimmel dominieren.

Connemara-Pony

Das Connemara-Pony ist das einzige original irische Pferd. In den Adern des sportlichen Endmaßponys fließt das Blut keltischer Ponys, edler spanischer Pferde und Berber – die den Gerüchten nach von vor Irland gesunkenen spanischen Schiffen an Land schwammen. Früher Arbeitstier in der Landwirtschaft trägt das zähe, ausdauernde und schnelle Reitpony heute Kinder und Jugendliche zu sportlichen Erfolgen.

Connemara-Ponys gehen auf die im Mittelalter beliebten Irish Hobby zurück. Die eigentliche Rasse entstand jedoch erst im 19. Jahrhundert nach der erfolgreichen Einkreuzung von Arabern und Englischen Vollblütern. Die Ponys leben seit jeher halbwild in Herden in den Bergen und Mooren der heutigen Grafschaft Galway. Noch heute wachsen die meisten Connemaras in Freiheit auf.

Professor Ewart von der Universität Edinburgh war im Jahr 1900 bei Studien von der Stärke, Ausdauer und Leichtfüßigkeit der Connemara-Ponys so beeindruckt, dass er deren mögliches Aussterben als nationalen Verlust bezeichnete. Erst seit 1923 ist die Zucht durch einen Zuchtverband und ein Stutbuch bei der irischen Connemara-Pony Breeders' Society in geordnete Bahnen gelenkt. Um 1950 wurden noch einmal Hengste der Rassen Araber, Englisches Vollblut und Irish Draught eingekreuzt, um das Gebäude und die Gänge zu verbessern. Seit 1963 ist das Zuchtbuch geschlossen.

Connemara-Ponys und Vollblutkreuzungen sind sehr erfolgreiche Sportpferde, die die Reiteigenschaften von Warmblütern mit der Anspruchslosigkeit von Ponys wunderbar vereinbaren. Über Irland hinaus sind Connemaras vor allem in Großbritannien, Frankreich, USA, Skandinavien und Deutschland als Jugendturnierpferde und für die schnellen Mounted Games geschätzt.

Connemaras sind große, kräftige Ponys, die ihr spanisches Erbe nicht verleugnen können. Der Kopf ist mittelgroß und meist gerade, der Hals durchschnittlich lang und kräftig. Das Pony hat eine gute Schulter, einen langen Rücken und einen tiefen Rumpf. Die Kruppe ist leicht abfallend. Die Gliedmaßen sind trocken und stabil, mit harten, kleinen Hufen. Die 140 bis 148 cm großen Connemara-Ponys verfügen über gute Bewegungen in allen Gangarten und ein besonders gutes Springvermögen.

Leichtfuttrig und langlebig ist das freundliche Connemara-Pony ein ideales Familienpony, das sich in Offenstallhaltung besonders wohl fühlt.

Deutsches Reitpony

Das Deutsche Reitpony ist das Ergebnis einer gestiegenen Nachfrage nach sportlichen kleinen Pferden für den Kinder- und Jugendturniersport. Diese Entwicklung setzte in Deutschland Mitte des 20. Jahrhunderts ein, als das Pferd aus Landwirtschaft und Verkehr fast verschwunden und zunehmend in der Freizeit oder auf Sportveranstaltungen zu finden war.

Bereits Anfang des 19. Jahrhunderts war in England die Nachfrage nach sehr eleganten und leistungsstarken Ponys für alle Turnierdisziplinen groß. Aus den aus heimischen Ponyrassen und kleinen Vollblütern gezüchteten Poloponys, aber auch auf der Basis von Welsh-Ponys mit hohem Anteil von Arabern und Vollblütern, entstand ein intelligentes, temperamentvolles und sensibles Pony im Typ eines Minivollblüters. Dank ihrer hohen Rittigkeit, dem guten Sprungvermögen und den noch erhaltenen Ponyeigenschaften wie Robustheit, Härte, Trittsicherheit und Reaktionsschnelligkeit sind Reitponys in mancher Hinsicht ihren großen Warmblut-Verwandten überlegen.

In Deutschland basiert die Reitpony-Zucht auf importierten englischen Riding-Ponys. Es flossen geringe Anteile Dülmener Wildpferde-Blut, Ahrenberg-Nordkirchener und Lehmkuhlener Blut in die Zucht ein.

Das Deutsche Reitpony hat ein perfektes Reitpferdeexterieur. Der feine, trockene Kopf hat edle Ohren und freundliche Augen. Der Hals ist lang und schön geschwungen, die Schulter schräg. Durch den ausgeprägten Widerrist hat das Reitpony eine gute Sattellage. Der Rücken ist kräftig, der Rumpf breit und tief. Die leicht abfallende Kruppe erscheint kräftig und gut bemuskelt. Die Gliedmaßen sind korrekt und hart. Deutsche Reitponys haben ein Stockmaß zwischen 122 und 148 cm. Im Ponysport sind vor allem Endmaßponys gefragt.

In nur einem Jahrzehnt entstand nach dem Vorbild des britischen Riding-Ponys ein Reitponytyp, der den aufstrebenden Turniersport beherrschte.

Englisches Vollblut

Englische Vollblüter sind die schnellsten Pferde der Welt. Die athletischen Pferde sind weltberühmt für ihre Leistungen im Galopprennsport. Außerdem haben sie bei unzähligen anderen Pferderassen, vor allem in der modernen Sportpferdezucht, als Veredler ihre Spuren hinterlassen. Vollblüter gelten als edel und temperamentvoll, aber auch als besonders leistungsbereite Pferde.

Vollblüter haben eine beeindruckende Karriere im Rennsport gemacht. Man sieht sie aber auch erfolgreich im Spring- und Vielseitigkeitssport oder bei Distanzrennen.

Mindestens seit der Zeit der römischen Besatzung schickte die Bevölkerung der Britischen Inseln ihre Pferde ins Rennen. Auch die Tudors und Stuarts waren rennbegeisterte Pferdenarren, die die Leistungszucht förderten und die Stadt Newmarket zum Mekka des Rennsports ausbauten. Die Nachkommen von vier Hengsten haben sich im Rennsport besonders hervorgetan: Darley Arabian, Byerley Turk, Godolphin Barb und Curwen Bay Barb verbesserten die auf Rennponys, Warmblüter, italienische, spanische und orientalische Pferde zurückgehende Zucht. Seit 1793 gibt es bereits ein Zuchtbuch, das General Studbook, in dem seither alle Vollblutpferde lückenlos eingetragen sind.

Englische Vollblüter sind schlanke und hochbeinige Pferde mit einem edlen Kopf. Ein schlanker Hals mündet in einen ausgeprägten Widerrist. Der Rücken ist kurz, die Kruppe stark bemuskelt. Eine schräge Schulter und der breite Rumpf weisen auf das hohe Energiepotenzial dieser sensiblen Pferde hin. Die Beine sind lang und schlank mit trockenen Gelenken und harten Hufen. Das Stockmaß liegt durchschnittlich um 160 cm. Das Erscheinungsbild ist aber nicht völlig einheitlich. Englische Vollblüter gibt es meist als Braune und Füchse, seltener als Rappen und Schimmel. Sie werden heute weltweit gezüchtet. Hochburgen sind Großbritannien, Irland, die USA und Frankreich.

Fjordpferd/ Norweger

Ein beliebtes Freizeit- und Sportpony für Jung und Alt ist das Fjordpferd aus Norwegen. Das im Kaltbluttyp stehende robuste Gebirgspony, das auch „Norweger“ genannt wird, erinnert an prähistorische Höhlenmalereien. Vermutlich ist es ein Nachkomme des eiszeitlichen Tundrenponys, das ursprünglich aus den westlichen Distrikten Norwegens, dem fjordreichen „Vestland“ stammt.

Bereits die Wikinger nahmen auf ihre Entdeckungsreisen Fjordpferde mit. Auf diese Weise war es maßgeblich an der Entstehung des Islandpferdes beteiligt.

Das Fjordpferd zeichnet eine große Zug- und Tragkraft aus, und so war es lange als Arbeits-, Pack und Zugpferd im Einsatz. Einkreuzungsversuche im 19. Jahrhundert zur Verbesserung seiner Leistungsfähigkeit und Größe, unter anderem mit Vollbluthengsten und Dölepferden, waren nicht erfolgreich. Seit Ende des 18. Jahrhunderts wird es daher wieder reingezogen.

Der gutmütige Charakter und das ruhige Temperament haben dem Fjordpferd den Weg in die Freizeitställe geebnet. Sein Dressurtalent zeigt es jedoch auch im Turniersport. Die Zugkraft des Fjordpferdes wird heute im Fahrsport und auf Fuhrmannswettbewerben geschätzt. Im Mutterland selbst werden Fjordpferde zwar gerne hinter dem Haus gehalten, doch gilt es als „schicker“, Warmblüter zu reiten.

Die Ähnlichkeit der „Fjordis“ mit den Przewalskipferden ist unübersehbar. Gemeinsame Vorfahren wurden aber nicht eindeutig nachgewiesen.

Fjordpferde haben große, trockene und ausdrucksvolle Köpfe mit ruhigen, intelligenten Augen und großen Nüstern. Der Hals ist kaltbluttypisch kräftig und kurz. Die Schulter ist steil und der Widerrist wenig ausgeprägt. Der Rücken ist mittellang, die Kruppe kurz und abgeschlagen. Schritt und Trab sind von guter Qualität. Ein durchschnittliches Stockmaß von 145 cm macht das kräftige Pony auch für erwachsene Reiter interessant.

Ein Stammvater, eine Farbe

Fjordpferde gibt es ausschließlich als Falben mit Aalstrich. Die Mähne ist zweifarbig schwarz-silbern und wird gerne als Stehmähne geschnitten. An den Beinen zeigen sich häufig wildpferdetypische Zebrastreifen. Die einheitliche Erscheinung ist auf die drei Hauptlinienbegründer reinrassiger norwegischer Fjordpferde zurückzuführen: Yarblakken N 819, Håkon Jarln N 645 und Bergfast N 635. Alle drei stammen wiederum vom Urvater der norwegischen Reinzucht ab, Njål N 166.

Freiberger

Ob Warm- oder Kaltblut, darauf will sich der eidgenössische Freiberger nicht festlegen. Das kompakte, mittelgroße Pferd aus den Franche Montagne im Schweizer Jura war bis in die 60er Jahre des vorigen Jahrhunderts Arbeitspferd in der Landwirtschaft und als Zug-, Pack- und Reittier in der Schweizer Armee rekrutiert. Heute ist der geländegängige und trittsichere Freiberger ein gutes Trekking- und Wanderreitpferd.

Nach Einkreuzungen mit einem schwedischen Warmblüter und einem polnischen Vollblutaraber in jüngerer Zeit ist ein leichterer Schlag entstanden, der über etwas verbesserte Reiteigenschaften verfügt. Das nun eher im Warmbluttyp stehende Pferd erfreut sich zunehmender Beliebtheit als Freizeit- und Sportpferd. Ein lebhaftes, energisches Temperament und der gute Charakter kommen dem Freizeitreiter dabei sehr entgegen.

Freiberger sind robust und leichtfuttrig. Sie stehen im leichten Kaltbluttyp und wirken klein und gedrungen. Der Kopf ist edel mit lebhaften Ohren und wachem Auge, der Hals kurz und kräftig. Schulter und Kruppe sind kräftig bemuskelt. Der Freiberger hat relativ kurze, trockene Beine ohne sichtbaren Behang. Die meist braunen Pferde sind um 150 cm groß und damit „handliche" Pferde für Erwachsene, die es kleiner mögen.

Der Freiberger ist heute ein vielseitiges Reit- und Fahrpferd, das sich im Einsteigersport auch behauptet. Selbst Westernreiter haben die Rasse für sich entdeckt. Außerdem ist der Freiberger ein beliebtes Therapiepferd und wird gerne im Voltigiersport eingesetzt.

Friese

„Schwarze Perlen" werden die imposanten Rappen aus dem niederländischen Westfriesland genannt. Die Ursprünge dieser fast ausgestorbenen und nun wiederentdeckten Rasse liegen schon bei den Römern. Heute haben die mächtig wirkenden Friesenpferde mit den beeindruckenden Bewegungen ihre Anhänger vor allem in der Barockpferdeszene und im Fahrsport.

Beeindruckende Bewegungen sind rassetypisch.

Im Mittelalter war der Friese eher massig, bis die Züchter sich bewährten iberischen Blutes bedienten, um ein edles, barockes Reit- und Kutschpferd zu erhalten. Trotzdem kam es im 18. und 19. Jahrhundert zum Niedergang der Zucht. Einige Bauern hielten jedoch weiterhin an ihren Pferden fest, und um 1878 wurde das friesische Paarden Stammboek gegründet.

Alle heute eingetragenen Friesen gehen auf den Hengst Nemo 51 zurück, der 1885 geboren wurde. Eine enge Stutenbasis und Inzucht machte der Friesen-Zucht aber lange Zeit schwer zu schaffen. Der Friese selbst hat seinen Beitrag in der Zucht von Oldenburgern sowie einiger Pony- und Kaltblutrassen geleistet.

Friesen haben einen ausdrucksvollen, trockenen Kopf mit großen Augen und einen hoch aufgesetzten, mittellangen Hals, der sie viel größer aussehen lässt, als sie sind, nämlich 150 bis 160 cm. Auffallend und rassetypisch ist die enorme Fülle an Langhaar. Der Rücken ist eher kurz. Die Beine sind lang, kräftig und die Fesseln mit üppigem Kötenbehang ausgestattet.

Friesen gelten als gelehrige, aber auch sehr sensible Pferde. Dank ihrer runden, kraftvollen und doch eleganten Gänge haben sie eine große Fangemeinde in der Klassischen Dressur, dem Fahrsport und im Zirkus. Neben dem Hauptzuchtgebiet in Westfriesland werden die Rappen heute in vielen Ländern gezüchtet.

Haflinger

Einst trittsicheres, tragfähiges Saumpferd aus den Etschtaler Alpen sind die blonden Südtiroler Kleinpferde heute eine der beliebtesten Ponyrassen überhaupt. Jahrhundertelang haben die kräftigen Ponys, die ein bisschen Ähnlichkeit mit Kaltblütern haben, schwere Lasten auf die Almen gebracht, bevor sie nach der Einkreuzung edler Rassen ihren Siegeszug unter dem Sattel angetreten haben.

Seinen Namen hat das palominofarbene Pony vom Tiroler Bergdorf Hafling. Rund um Bozen und Meran gab es bereits seit Hunderten von Jahren kleine, zähe Ponys, die auf Tiere mit orientalischem Einschlag zurückgehen sollen. Alle Haflinger stammen vom Halbbluthengst El Bedavi aus dem Gestüt Radautz und seinem Sohn Folie 49 ab.

Die trittsicheren, wendigen Pferde werden noch heute als Pack- und Militärpferde und in der Landwirtschaft eingesetzt. Der Wunsch nach besseren Reiteigenschaften ließ Züchter in der Vergangenheit immer wieder auf Araberblut zurückgreifen, was dem Haflinger auch den Spitznahmen „Alpenaraber" eintrug. Der moderne Haflinger ist leichter und temperamentvoller als früher. Haflinger sind beliebte Freizeitpferde für Jugendliche und Erwachsene und erfolgreich im Turnier-, Western- und Fahrsport. Auch als Wanderreit- und Trekkingpferd eignet sich der ausdauernde und trittsichere Haflinger.

Der Haflinger kommt ausschließlich als Fuchs mit hellem Langhaar vor. Er hat einen kleinen edlen Kopf mit ausdrucksvollen Augen und großen Nüstern. Der mittelange Hals sitzt tief, die Schulter ist mittellang und schräg. Haflinger haben einen breiten, kräftigen Rücken und wenig Widerrist. Die Kruppe ist kurz und abgeschlagen. Die Beine sind kräftig und haben etwas Behang. Das Stockmaß liegt im Durchschnitt bei 140 cm. Haflinger sind gute Futterverwerter, zäh und wenig anfällig.

Die typvollen Blonden erkennt jeder auf Anhieb.

Hannoveraner

Der Hannoveraner ist eine der bedeutendsten Warmblutrassen, die auch weltweit bei der Verbesserung der Leistungseigenschaften anderer Warmblüter mitgewirkt hat. Mit rund 19.000 eingetragenen Zuchtstuten und über 400 Hengsten gehört sie auch zu den größten Warmblutpopulationen. Der Ursprung der Zucht liegt in Niedersachsen um das 1735 gegründete Landgestüt Celle.

Pferde aus der Hannoveraner-Zucht erfreuen sich unter Sportreitern weltweit großer Beliebtheit und sind ein Exportschlager des Landes.

Die Hannoveraner-Zucht, die auch heute noch vorwiegend in bäuerlicher Hand ist, lässt sich bis ins 16. Jahrhundert zurückverfolgen. Damals wurden die Pferde für die Landwirtschaft und das Militär benötigt. Anfang des 19. Jahrhunderts wurden verstärkt Englische Vollblut- und Halbbluthengste zur Veredelung des „Hannöverschen Pferdes“ eingekreuzt. Dieser starke Einfluss geht nicht zuletzt auf die Zugehörigkeit Hannovers zum Britischen Empire zurück (1714 folgte Prinz Georg Ludwig der englischen Königin Anna als Erbe auf den Thron, er regierte unter dem Namen Georg II).

Ab etwa 1870 stand die Kutschen- und Militäreignung im Vordergrund. 1888 wurde das Hannoversche Stutbuch gegründet, der Vorläufer des 1922 ins Leben gerufenen Verbandes der hannoverschen Warmblutzüchter.

Nach dem Zweiten Weltkrieg änderte sich das Zuchtziel erneut. Gefragt war nun ein rittiges, edles, großrahmiges und korrektes Warmblut, das den Anforderungen in Sport und Freizeit gerecht werden sollte. Dies erreichten die Züchter des Hannoveraners sehr erfolgreich durch den Einsatz von Trakehnern und Vollblütern.

Die nicht ganz einheitlichen Hannoveraner sind sehr gute Dressur- und Springpferde. Berühmt ist Isabell Werths Dressurcrack Gigolo, er gewann als eines der erfolgreichsten Pferde der Welt unzählige Medaillen.

Der Kopf des Hannoveraners ist fein und ausdrucksvoll, der Hals lang und schlank. Die Schulter ist sehr gut und schräg. Ein ausgeprägter Widerrist geht in einen langen Rücken mit tiefem, breiten Rumpf über. Die Kruppe ist flach abfallend. Die Gliedmaßen sind trocken und stark mit großen Hufen. Dem Hannoveraner wird Intelligenz, Ausgeglichenheit, Sensibilität und ein ehrlicher Charakter zugeschrieben.

Holsteiner

Holsteiner zählen heute zu den führenden Warmblutrassen im internationalen Spitzensport. Als Vererber von enormem Springvermögen werden sie weltweit eingesetzt und haben zahlreiche mit Weltmeistertiteln und olympischen Medaillen ausgezeichnete Pferde unter ihren Nachkommen. Die aus dem Norden Deutschlands stammenden Pferde weisen dabei eine über 800-jährige Zuchtgeschichte auf.

Die Holsteiner-Zucht geht auf das Klostergestüt Uetersen zurück, das großkalibrige Schlachtrösser für die in schwerer Rüstung reitenden Ritter züchtete. Heimische Stuten wurden mit orientalischen und iberischen Hengsten angepaart.

Aber auch hier wechselten im Laufe der Geschichte die Anforderungen an die Tiere. Seinen sagenhaften Aufschwung nahm der Holsteiner im 16. Jahrhundert, als er im Typ eines großen, kräftigen Wagenpferdes stand. Die europäischen Königshäuser schätzten den Holsteiner als Gebrauchspferd. 1735 zogen 13 Hengste im neu gegründeten Landgestüt Celle ein und legten den Grundstein für die Hannoveraner-Zucht.

Der Holsteiner selbst wurde Mitte des 19. Jahrhunderts mit englischen Vollblut- und Halbbluthengsten veredelt. 1891 schlossen sich verschiedene lokale Zuchtvereine zum Holsteiner Zuchtverband zusammen. Die Einkreuzung fremdblütiger Spitzenhengste wie dem Selle Francais Cor de la Bryère oder dem Vollblüter Ladykiller xx hat dem Holsteiner im Springsport Auftrieb verliehen.

Der Holsteiner ist ein 160 bis 172 cm großes, athletisches Reitpferd. Der ausdrucksvolle Kopf sitzt auf einem gut geformten Hals. Typisch sind der ausgeprägte Widerrist, ein kräftiger Rücken und die leicht abfallende, muskulöse Kruppe. Die Gliedmaßen sind kräftig und trocken, die Hufe groß. Die Pferde haben ein ausgeglichenes Temperament und einen guten Charakter.

Erfolgreiche Holsteiner

Cento und Cöster sind Aushängeschilder der Holsteiner-Zucht. Doch bereits in früheren Jahren haben Holsteiner auf großen Turnieren und bei Olympischen Spielen Lorbeeren eingeheimst:

Fritz Thiedemann gewann mit Meteor 1965 bei den Olympischen Spielen in Stockholm eine Goldmedaille im Mannschaftsspringen. Christine Stückelbergers Granat war 1976 bei der Olympiade in Montreal das beste Pferd. Herbert Blöcker gewann in Barcelona olympisches Silber mit der Stute Feine Dame.

Holsteiner gelten als unkomplizierte Pferde.

Islandpferd

Genau genommen sind sie Ponys, doch eben ganz besondere. Islandpferde kamen vor über Tausend Jahren auf Wikingerschiffen aus Norwegen, um dem kalten Klima auf der Vulkaninsel am Polarkreis zu trotzen. Vor rund 50 Jahren kehrten sie auf den Kontinent zurück und wurden mit ihrem bequemen Tölt und ihrem umgänglichen Wesen zum Inbegriff des robusten Freizeit- und Familienpferdes.

Islandpferde sind rasante Freizeitpartner.

„Keine andere Pferderasse ist so intelligent wie diese Isländer. Das Islandpferd geht durch Schnee und Sturm, über schlechte Wege, Fels und Eis. Es ist mutig, folgsam und zuverlässig. Es ist trittfest und es bricht nie aus.“ Diese liebevolle Beschreibung von Jules Verne trifft den Charakter und das Wesen des Islandpferdes sehr gut.

Norwegische Wikinger, die auf der Flucht vor dem damaligen König von Norwegen Harald Schönhaar waren, brachten Pferde nach Island. Aus der Kreuzung von Germanen- und Keltenponys, die die Wikinger von ihren Raubzügen aus England und Irland mitbrachten, wurden die bis heute genetisch unveränderten Islandpferde gezüchtet, denn die Einfuhr von Pferden wurde aus Angst vor Krankheiten schon früh verboten.

Die harte Natur, Vulkanausbrüche und ein Jahrtausend Reinzucht brachten ein ausdauerndes, kräftiges, tragfähiges Pferd hervor, auf das sich der Reiter auch in schwierigen Situationen verlassen konnte. Bis ins vorige Jahrhundert war das Islandpferd das einzige Verkehrsmittel auf der Insel. Mit dem Islandpferd holte man den Arzt, die Hebamme und den Pfarrer. Auch die Särge wurden auf dem Pferderücken zum Friedhof gebracht. Heute sind die temperamentvollen und gutmütigen Pferde mit Tölt und Pass Freizeitpartner, aber auch in einer professionellen Turnierszene zu Hause.

Der Kopf des Islandpferdes ist groß und elegant, mit ausdrucksvollen Augen und kleinen Ohren. Der Hals ist häufig tief angesetzt. Der Rücken ist meist kurz und tragfähig, die Kruppe abgeschlagen mit einem tiefen Schweifansatz. Die Gliedmaßen sind kräftig und trocken mit üppigem Behang. Im Winter hat das Islandpferd ein langes Fell mit dichter Unterwolle. Die spätreifen Pferde erreichen bei robuster Gesundheit häufig ein sehr hohes Alter. Islandpferde gibt es in allen Fellfarben außer Tigerschecken.

Lipizzaner

Lipizzaner sind weltberühmt. Die imposanten weißen Pferde der Wiener Hofreitschule sind Synonym für die Hohe Schule. Ursprünglich als schweres Ritterpferd gezüchtet, zeigt der heutige Typ in der Klassischen Reitkunst und im Fahrsport, was in ihm steckt. Dabei entging die Lipizzaner-Zucht am Ende des Zweiten Weltkriegs in einer spektakulären Flucht nur knapp dem Untergang.

Der Ursprung der Rasse geht auf einen Befehl des österreichischen Erzherzogs Karl II. von 1580 zurück: In seinem neuen Gestüt in Lipizza, im heutigen Slowenien nahe Triest gelegen, ließ er spanische Hengste mit dort heimischen schweren Karststuten anpaaren. Noble Parade- und Schulpferde für den Grazer, später auch für den Wiener Hof sollten es werden. Es wurden auch Frederiksborger, Kladruber, Neapolitaner-Hengste und ein Araber eingesetzt.

Die heutigen Lipizzaner gehen auf die Hengstlinien Conversano, Favory, Maestoso, Neapolitano, Pluto und Siglavy zurück. In Ungarn existieren mit Tulipan und Incitato zwei weitere Linien. Die Pferde der Spanischen Hofreitschule in Wien stammen aus dem österreichischen Bundesgestüt Piper in der Steiermark, wohin sie einmal im Jahr zum „Erholungsurlaub" nach einer anstrengenden Showsaison zurückkehren.

Lipizzaner sind überwiegend Schimmel, die in ihrem Gesamtbild eher gedrungen wirken. Die Köpfe sind häufig ramsnasig oder gerade, der Hals hoch aufgesetzt und mächtig bemuskelt, aber nicht sehr lang. Der Rumpf ist tief, der Rücken dafür lang und kräftig. Die Beine sind kurz, kräftig, trocken und stark. Lipizzaner erreichen ein durchschnittliches Stockmaß von 150 bis 160 cm. Sie haben einen wachen Geist und sind sehr gelehrig. Hervorzuheben ist ihre Langlebigkeit und die Leistungsfähigkeit bis ins hohe Alter.

Klassische Reitkunst in Vollendung – die „Kaiserschimmel" der Habsburger.

Ausflugstipp

Im österreichischen Bundesgestüt in Piper (Steiermark) kann die Lipizzaner-Zucht besichtigt werden. Nach dem Niedergang der Zucht im slowenischen Lipizza hat das kleine Land viel Kraft in den Wiederaufbau seiner traditionsreichen Pferdezucht gesteckt. Im Gestüt in Lipizza sind neben den Zuchtstuten und Fohlen, die auf großzügigen Karstweiden grasen, auch Vorführungen der Reitschule zu sehen.

Noriker

Seinen Namen verdankt das schwere Gebirgspferd seiner ursprünglichen Heimat, der alten römischen Provinz Noricum, in Österreich und Bayern gelegen. Bereits bei den Römern war der Noriker Arbeitspferd und Kriegsgerät. Seither hat sich sein Aussehen kaum verändert. Heute wird er als starkes Rückepferd in der Forstwirtschaft eingesetzt oder verdient sich als Kutschpferd seinen Hafer.

In seinem Hauptverbreitungsgebiet, dem westlichen Salzburger Land, werden die Kaltblüter auch als „Pinzgauer“ geführt, in Deutschland bezeichnet man sie als Süddeutsches Kaltblut.

Immer wieder wurde fremdes Blut in die Rasse eingekreuzt, bevorzugt Spanier, Neapolitaner, Kladruber und andere Kaltblutrassen. Getigerte andalusische und neapolitanische Hengste hinterließen bunte Tigerschecken. Im bayerischen Zuchtgebiet hat der Noriker Ende des 18. Jahrhunderts Einkreuzungen mit Holsteinern, Oldenburgern, Ostfriesen und weiteren schweren Warmblütern zur Veredelung hinnehmen müssen. Der dadurch entstandene Oberländer-Typ ist in Deutschland verbreitet.

Die Tigerschecken aus der Elmar-Linie ragen unter den Kaltblutrassen besonders hervor.

Der Name ist Programm

Die heutigen Noriker basieren auf fünf Hengstlinien. Die Pferdenamen lassen erkennen, zu welcher Linie die Tiere gehören.
Vulkan-Linie: 50 % aller Hengste stammen vom 1887 ge borenen braunen Hengst Vulkan ab.
Nero-Linie: Nach dem 1933 geborenen fuchsfarbenen Hengst Nero benannt. Die Nero-Linie zeichnet sich durch hellfarbene Füchse mit hellem Langhaar aus.
Diamant-Linie: Nach dem in den Kapruner Tauern 1903 geborenen Hengst Diamant, drahtige, leichte Noriker.
Schaunitz-Linie: Die Nachkommen des 1888 geborenen Hengstes Schaunitz sind sehr arbeitseifrige Noriker, die die meisten Auswirkungen des Vollblut-Einflusses zeigen.
Elmar-Linie: Der 1896 geborene Hengst Elmar vererbt als einziger Tigerschecken. Diese Linie führt noch immer das ursprüngliche andalusische Blut.

Der Noriker ist ein kräftiges Kaltblut mit 155 bis 170 cm Stockmaß. Die regionalen Schläge variieren ein wenig. Der Kopf ist schwer mit einem leichten Ramsprofil. Der Hals ist kurz und kräftig, der Rücken lang. Die Hinterhand ist muskelbepackt und zeigt eine abgeschlagene Spaltgruppe. Die Beine sind klar und kräftig mit schönem Behang.

Noriker sind sehr trittsichere Pferde mit raumgreifenden, freien Bewegungen. Die Farbvielfalt der Rasse ist groß: Füchse, Rappen, Braune, Schecken, Tigerschecken und Mohrenkopfschimmel kommen vor.

Paso Fino und Paso Peruano

Beide Rassen haben ihre Wurzeln in den spanischen Pferden, die die Eroberer im 16. Jahrhundert nach Amerika mitbrachten. Der Paso Fino wird in der Dominikanischen Republik, Puerto Rico und Kolumbien gezüchtet, der Paso Peruano stammt aus Peru. Sie gelten als direkte Nachkommen der Spanischen Genetten. Auch die bequemen Gänge verdanken sie ihren iberischen Vorfahren.

Der gleichmäßige Viertakt des Paso Llano ist bei allen Pasos genetisch fixiert. Schon Fohlen zeigen ihn in den ersten Tagen. Paso Peruanos zeigen darüber hinaus den Termino, die glockenförmige, aus der Schulter heraus nach vorne schwingende Bewegung der Vorhand.

Durch strenge Zuchtauswahl ist ein sehr schönes, leistungswilliges und genügsames Pferd entstanden, dessen herausragendes Kennzeichen die hohe Rittigkeit ist. Züchter und Liebhaber der Rassen sprechen von „Brio“ („das gehorsame Feuer“) und beschreiben damit das hohe, aber leicht regulierbare Temperament. Neben der Show sind Pasos beliebte Pferde für Gangpferdeturniere, mehr aber noch bequeme Freizeitpferde.

Neben den Grundgangarten beherrschen sie verschiedene Töltvarianten: den Paso Fino im Schritttempo, den Paso Corto im Trabtempo und den Paso Largo im Galopptempo. Die Reinheit des Ganges wird auf dem so genannten Fino Strip, einem Holzboden, geprüft. Die Richter müssen den Gang blind, nur anhand der Akustik, bewerten. In ihren Heimatländern werden die Pferde noch immer als Reitpferde auf den riesigen Ländereien in der Landwirtschaft eingesetzt.

Pasos sind bis 155 cm groß und sehr elegant. Der Kopf ist mittelgroß, gerade oder leicht ramsnasig und wird von einem hoch aufgerichteten, kräftigen Hals getragen. Die Schulter ist lang und schräg. Eine tiefe Brust und ein kurzer Rücken sind Merkmale der Rassen. Die Kruppe fällt leicht ab und ist gut bemuskelt. Die Gliedmaßen sind fein, aber stabil, mit kleinen Hufen.

Quarter Horse

Das typische Westernpferd ist das Quarter Horse – und mit über 4 Millionen eingetragenen Pferden in 77 Ländern sicher auch das beliebteste! Die muskulösen, athletischen Pferde mit dem ausgeprägten Cow-Sense begeistern Westernreiter mit ihrer Schnelligkeit, Wendigkeit, Gelassenheit und Intelligenz. Ihr freundliches und nervenstarkes Wesen macht sie zum idealen Freizeitpartner.

Bereits im 17. Jahrhundert entstand in den USA aus der Kreuzung von Araber, Berber und Andalusier mit Importtieren aus England (vor allem irischen Ponys, englischen Vollblütern und Percherons) ein gutes Arbeitspferd für die Rancharbeit und den Viehtrieb. Im 18. Jahrhundert wurden dann beliebte Kurzstreckenrennen über eine Viertelmeile – a quarter mile oder 440 yards – auf den Hauptstraßen der Südstaatenstädte veranstaltet. Sie gaben der Rasse schließlich ihren Namen. Seit 1940 ist die Quarter Horse-Zucht in der American Quarter Horse Association in Amarillo, Texas, organisiert.

Quarter Horses sind athletische Muskelpakete und auf der Sprintstrecke, der „Quarter Mile", auch die schnellsten Pferde der Welt.

Das Quarter Horse hat einen feinen Keilkopf mit kleinen Ohren und großen Augen. Ein gerader, tief angesetzter Hals kommt aus einer langen, schrägen, muskulösen Schulter. Der Rücken ist kräftig, die Brust breit und tief. Rassetypisch ist die enorme Bemuskelung der Hinterhand. Die Kruppe ist häufig überbaut. Die Gliedmaßen sind (abgesehen von den muskeltragenden Partien) oft sehr fein mit dünnen Fesseln und kleinen Hufen. Das mittlere Stockmaß beträgt 148 bis 155 cm.

Quarter Horses gibt es in verschiedenen Zuchtrichtungen: Der alte Stock Type, der auf den Gründerhengst Three Bars zurückgeht, hat maximal 20 % Vollblutanteil. Cowhorses sind kräftige, athletische Pferde mit viel Reaktionsfähigkeit und Speed. Reining-Pferde sind athletische, relativ kleine Pferde mit gutem Galoppiervermögen. Halter-Pferde sind besonders korrekt und schön. Sie kommen dem Zuchtziel des American Quarter Horse sehr nahe. Als Pleasure- und Hunter-Typ bezeichnet man grossrahmige, elegante Tiere, die einem gut bemuskelten Vollblut ähneln.

Schwarzwälder Fuchs

Der Schwarzwälder Fuchs ist ein für ein Kaltblut kleines, edel wirkendes Pferd. Ursprünglich stammen die Tiere aus dem südlichen Schwarzwald rund um St. Märgen. Mit dem Rückgang des Pferdeeinsatzes in Land- und Forstwirtschaft Mitte des vorigen Jahrhunderts ist das wendige, robuste und genügsame Pferd beinahe ausgestorben. Heute erobert es erfolgreich Reit- und Fahrställe.

Der Schwarzwälder Fuchs geht auf die schweren norischen Pferde zurück und wurde bereits früh hinsichtlich der speziellen Anforderungen, die der Schwarzwald mit steilen Hängen und Wäldern an die Arbeitstiere stellt, selektiert. Hier waren Genügsamkeit und Trittsicherheit mehr gefragt als Masse und Gewicht. Einkreuzungsversuche mit anderen Kaltblutrassen haben sich nicht bewährt. Zur Stabilisierung der Population und Blutauffrischung griffen Züchter in jüngerer Zeit auch auf Freiberger zurück.

***Qualitätsoffensive:** Beim Schwarzwälder Fuchs dürfen nur noch Staatsprämienstuten in der Zucht verwendet werden.*

Mittlerweile ist das Zuchtbuch geschlossen und die Kriterien für die Hengstrekrutierung wurden verschärft.

Der Schwarzwälder Fuchs wird heute fast ausschließlich mit dem Farbziel Kohlfuchs gezüchtet, dieser zeichnet sich durch ein schwarzbraunes Fell und fast weißes Langhaar aus. Abzeichen an Kopf und Beinen sind erlaubt. Es gibt nur noch wenige Braune und Schimmel, auch wenn diese Farben ebenfalls im Zuchtziel verankert sind. Neben der Forstarbeit findet die vielseitige Kaltblutrasse immer mehr Freunde im Fahrsport, bei Fuhrmannswettbewerben und bei Freizeitreitern.

Schwarzwälder Füchse haben einen kleinen, eleganten Kopf mit breiter Stirn, kleinen Ohren und freundlichen Augen. Ein gut geschwungener Hals geht in eine für Kaltblüter untypisch schräge Schulter über. Wenig Widerrist, ein kurzer, kräftiger Rücken, die wenig tiefe Brust und eine lange, leicht abfallende Kruppe kennzeichnen die Tiere. Typisch sind das trockene Fundament, kleine Hufe und wenig Behang.

Die zwischen 145 und 155 cm großen Schwarzwälder haben schöne Gänge und ein aufgewecktes Temperament.

Shetland-Pony

Das Shetland-Pony trägt den Namen der gleichnamigen Inselgruppe im Nordatlantik, nördlich von Schottland. Der Zwerg unter der Pferden ist weniger das Produkt einer gezielten Minizüchtung, als das Ergebnis eines harten Überlebenskampfes in einem extrem rauen Klima. Als Kinder- und Zirkusponys, aber auch zur Arbeit in Gärtnereien wurden die kleinen Pferde auf dem Kontinent anfangs geschätzt.

Shetland-Ponys gehen auf eiszeitliche Wildponys zurück, die bereits vor 10.000 Jahren auf den Inseln lebten und im nordatlantischen Klima bei kargem Futter verkümmerten. Ihre Robustheit, Genügsamkeit und gute Futterwertung haben die Shettys dieser jahrhundertelangen Prägung zu verdanken. Als Trag-, Zug- und Reittiere leisteten die um 100 cm Stockmaß großen Tiere lange Zeit gute Dienste. Traurige Geschichte schrieben sie als Grubenpony in englischen Bergwerken. Shetland-Ponys, denen das Schicksal glücklicher mitspielte, fanden eine Aufgabe als Kinder-, Kutsch- und Zirkuspferde.

Seit Ende des 19. Jahrhunderts wird das Shetland-Pony weltweit gezüchtet. Das Stutbuch für original Shetland-Ponys existiert seit 1890. Elegantere Shetland-Ponys auf amerikanischer Grundlage, aber auch spezielle Farbzuchten wie Tigerschecken entsprechen nicht den Richtlinien des Herkunftslandes. Diese Ponys tragen den Namen „Deutsches Partbred Shetland-Pony“.

Shetland-Ponys haben einen langen Kopf mit ausdrucksvollen Augen. Der Hals ist kurz und kräftig, die Schulter lang. Der Rumpf ist tief mit wenig Widerrist. Das Shetland-Pony hat eine kräftige Kruppe. Die Gliedmaßen sind kurz und stämmig mit kleinen Hufen. Üppiges Langhaar und ein sehr dichtes, langes Winterfell sind typisch. Es kommen alle Fellfarben außer Tigerschecken vor.

Falabellas: argentinische Pony-Zwerge

Die kleinste Pferderasse der Welt ist das Falabella-Pony mit maximal 86 Zentimetern Stockmaß. Es entstand nicht durch Inzucht, sondern durch die Kreuzung von kleinen Shettys mit kleinen Vollblütern und der konsequenten Selektion auf Zwerge. Die Minipferde kommen in kunterbunten Fellfarben vor und weisen einen sehr harmonischen, eleganten und großpferdetypischen Körperbau auf. Zum Reiten sind sie zu schwach, doch als Kutsch- und Showpferchen sehr beliebt. Seinen Ursprung hat das kleine Pony auf der Rancho Recreo de Roca der argentinischen Familie Falabella bei Buenos Aires.

Shire Horse

Shire Horses sind die Riesen unter den Pferden. Sie stammen aus England und waren schon im Mittelalter bekannt. Zunächst Kampf- und Turnierpferd der Ritter, wurde das Shire Horse mehr und mehr als Arbeitspferd zum Ziehen schwerer Lasten eingesetzt. Heute hat es seine Anhänger im Reit- und Fahrsport und wird nur noch zu Showzwecken vor die schweren Bierwagen der Brauereien eingespannt.

„Gentle Giants", sanfte Riesen, werden die Pferde im XXL-Format aufgrund ihres gutmütigen Charakters in ihrer Heimat auch genannt.

Um 1760 begann Robert Bakewell mit der planmäßigen Zucht von Shire Horses, damals als Bakewell Black bekannt, die dem Pferd sein heutiges Aussehen gab. Dazu kreuzte er Friesenstuten mit einem Rapphengst aus Leicestershire. Die Blütezeit erlebte das Shire ab dem 18. Jahrhundert: Handel und Transport spielten eine bedeutende wirtschaftliche Rolle, die ohne Pferde dieser Größe und Stärke nicht möglich gewesen wären. Besonders in den Häfen wetteiferten die Fahrer mit der Größe und Kraft ihrer Pferde. Im 19. Jahrhundert stieg der Bedarf an Arbeitspferden für öffentliche Verkehrsmittel wie Busse und Straßenbahnen. Bereits Mitte des 19. Jahrhunderts zeichnete sich jedoch der Niedergang der Rasse ab: Viele gute Tiere waren auf den Kontinent verkauft, die besten Stuten gingen nach Schottland und waren Zuchtbasis für den Clydesdale.

Die Shire Horse Society, die sich dem Ziel der Reinzucht verschrieb, wurde 1878 gegründet. In das Stutbuch durften nur Stuten aus den Shires und Fens eingetragen werden, die Typ und Qualitätsanspruch erfüllten.

Die Industrielle Revolution führte Mitte des 20. Jahrhunderts fast zum Aussterben der Rasse. Ihr Überleben verdankt sie dem Engagement einzelner Züchter und den englischen Brauereien, die Shires noch immer vor ihre Brauerei-Fahrzeuge spannen.

Shires Horses sind trotz ihrer imposanten Größe von 170 bis 195 cm Stockmaß und einem Gewicht von gut einer Tonne keinesfalls plump, sondern eher großrahmig und quadratisch. Der Kopf ist lang und ramsnasig, der Hals mittellang und muskulös. Die Brust ist breit und tief, die Schulter stark bemuskelt. Die Kruppe ist leicht abgeschlagen und die Hinterhand oft überbaut. Besonders typisch ist der imposante Kötenbehang an den Beinen.

Tinker

Der Tinker oder „The Coloured Cop Of Gipsy's Type", was so viel wie „sanfte irische Schecken" heißt, ist eine relativ junge Rasse. Tinker sind aus einem Mix verschiedenster Rassen entstanden, die fahrende Zigeuner gezüchtet haben. Für die Scheckfarbe, einzige Bedingung ihrer Zucht, nahmen sie dabei einige Gefahren auf sich, um Stuten von bunten, königlichen „drum horses" decken zu lassen.

Der Tinker ist keine eigenständige Rasse, sondern ein Rassetyp. Plattenscheckung, üppiges Langhaar und der Kötenbehang sind die Merkmale.

Im Mittelalter zogen fahrende Zigeuner durch England und Irland und verdienten sich als Kesselflicker. Diese Potter oder Tinker (dies war ein Schimpfwort) besaßen nur Esel zum Ziehen ihrer Karren. Doch gegen Ende des 19. Jahrhunderts stiegen sie auf Pferde um, die sie eintauschten oder billig erstanden.

Grundlage der Tinker-Zucht waren daher die verschiedensten Pferde – meist gescheckte Rassetiere, die lediglich aufgrund ihrer Fellfarbe nicht in die Zuchtbücher eingetragen wurden, und dadurch für ihre Besitzer wertlos waren.

Die planmäßige Zucht als Farbrasse begann in der Mitte des vorigen Jahrhunderts. Die so genannten Treveller bedienten sich dabei manches Mal bei Nacht und Nebel fremder Hengste. Und so steckt in Tinkern auch das Blut von Fell Ponys, Shire Horses, Clydales, Dales Ponys und des Welsh Cob.

Bei Tinkern ist die Scheckung ein Muss. Durch Einkreuzung weiterer Rassen entstand ein heute weitgehend einheitliches Exterieur. Auch auf die Qualität als Reit- und Fahrpferd wurde selektiert. Noch immer existiert kein zentral geführtes Zuchtbuch. Doch werden Tinker heute nach einem Rassestandard gezüchtet.

Der Tinker ist ein genügsames, verlässliches Freizeitpferd, das sich auch im Einsteigerturniersport erfolgreich schlägt. Er ist ausdauernd und zeigt fleißige, gute Grundgangarten mit schöner Aktion. Tinker haben ein gutes Springvermögen.

Vom äußeren Erscheinungsbild her wirkt der 140 bis 150 cm große Tinker ein wenig wie ein Kaltblut. Der Kopf ist groß, meist ramsnasig und hat lange Ohren. Der oft kurze, kräftige Hals sitzt auf einer langen, steilen Schulter. Der Widerrist ist wie bei vielen kalibrigen Ponyrassen wenig ausgeprägt. Die Gliedmaßen sind kräftig mit groben Gelenken. Typisch ist der üppige Fesselbehang über großen, flachen Hufen.

Traber

Der Trabrennsport erfreut sich in vielen europäischen Ländern größter Beliebtheit. Die dafür gezüchteten Pferde entspringen einer Leistungszucht deren wichtigstes Kriterium eine hohe Rennleistung im Trab noch vor allen Exterieurmerkmalen ist. So wird der Traber als leistungsgeprägtes Halbblutpferd aus einer Vielzahl von Schlägen und Rassen beschrieben.

Traber sind Hochleistungssportler. Nach ihrer Karriere auf der Rennbahn genießen sie meist als Freizeitpferde ihren „Unruhestand".

In Hamburg fand im Jahr 1874 das erste Trabrennen statt, doch die gestarteten Holsteiner und Oldenburger Pferde hatten keine Chance gegen die spezialisierte ausländische Konkurrenz.

Grundlage der deutschen Traberzucht wurden kurze Zeit später russische Orlow-Traber und ausländische Rennpferde, die Vollblut und Norfolk Trotter im Pedigree hatten. Später nahmen auch amerikanische Standardbred Trotter Einfluss auf den Traber.

Trabrennen werden in Deutschland vor allem in Hamburg, München und Berlin sowie auf einigen kleineren Rennbahnen ausgetragen. Hochburgen des Trabrennsports sind auch Italien, Frankreich und Schweden. Das bedeutendeste Rennen ist der Prix d'Amérique in Paris.

99 % der heutigen Traber gehen auf den 1849 geborenen braunen Hengst „Hambletonian" zurück, der in 25-jähriger Decktätigkeit 1333 lebende Fohlen zeugte und seine überragende Trabveranlagung weitergab.

Trabrennpferde, die sich auf der Rennbahn nicht bewähren, machen meist als Freizeitpferde unter dem Sattel eine zweite Karriere. In den letzten Jahren haben Gangpferdereiter den Traber als Turniercrack für sich entdeckt, denn viele Tiere haben Töltveranlagung. Diese rührt von der nahen Verwandtschaft vieler Traber zu amerikanischen Pacern her.

Der Traber kommt entsprechend der starken Selektion auf seine Trableistung sehr uneinheitlich daher. Der Kopf ist mittelgroß und trocken. Der Traberhals ist gerade oder hirschhalsig, was die Reiteignung nicht unbedingt begünstigt. Er ist tief angesetzt, die Schulter steil. Der Rumpf ist schmal und tief, der Rücken weich. Die Kruppe fällt deutlich ab, der Schweifansatz ist tief. Die Gliedmaßen sind trocken und stabil, zeigen jedoch häufig Stellungsfehler. Mit 145 bis 165 cm Stockmaß variiert der Traber auch in der Größe deutlich.

Trakehner

Der Trakehner zählt zu den edelsten Pferderassen und hat seine Spuren in vielen Warmblutzuchten hinterlassen. Die Anfänge der Rasse gehen auf den in Ostpreußen ansässigen Deutschen Ritterorden zurück. Auf der Basis eines primitiven Landschlages entstand durch Einkreuzung orientalischer Pferde über Jahrhunderte ein edles Reitpferd, dessen Geist Kenner und Freunde schätzen.

In vielen Landeszuchten steckt heute noch der Einfluss des berühmten 1905 geborenen Trakehnerhengstes Tempelhüter.

1732 gründete Friedrich Wilhelm I. das königliche Stutamt. Bis 1913 lieferte das staatliche Hauptgestüt Trakehnen mit seinen 16 so genannten Vorwerken und rund 1.500 Pferden Remonten für das preußische Militär. Die Gesamtpopulation umfasste beim Zusammenbruch Ostpreußens 27.000 registrierte Mutterstuten und etwa 750 Hengste. Am Ende des Zweiten Weltkriegs wurden in einer spektakulären Flucht über das gefrorene Haveler Watt auf einem für Mensch und Tier verlustreichen Treck 800 Stuten und 40 Hengste gerettet, die später in verschiedenen Gestüten die Basis für den Wiederaufbau der Zucht legten.

Der Trakehner hatte nach dem Krieg maßgeblichen Anteil an der Zucht von vielseitigen Reitpferden aus den einst schweren Warmblutzuchten. Die Springleistung des Trakehners ist eher unbedeutend. Er gilt als zäh, hart, ausdauernd und eifrig. Dabei verlangt er häufig eine feine, erfahrene Hand. Die größten Erfolge verzeichnet die Rasse im Dressur- und Vielseitigkeitssport.

Das Erscheinungsbild des Trakehners ist adlig und trocken. Der Kopf ist gerade mit großer Maulpartie, der Hals gut aufgesetzt, die Schulter lang und schräg. Der Rücken ist kräftig und geht in eine schräge Kruppe mit hoch angesetztem Schweif über. Die Beine sind trocken und ohne Behang. Die Gänge sind flach, aber raumgreifend. Mit 160 bis 168 cm Stockmaß ist der Trakehner durchschnittlich groß.

Welsh-Pony und Welsh Cob

Das Welsh-Pony stammt aus dem walisischen Hügelland. Die Zucht der beliebten Rasse geht zurück bis in die Zeit der keltischen Besiedelung und römischen Besatzung. Das edle, mittelgroße Welsh-Mountain-Pony, das Fruchtbarkeit und Langlebigkeit auszeichnet, ist der Ursprungstyp aller Welsh-Ponys. Seit 1902 erfolgt die Zucht innerhalb der vier Schläge oder Sektionen.

Die Welsh Cobs, die einzigen Ponys mit einem Größenlimit (155 cm) über dem internationalen Ponymaß (148 cm), waren bereits bei König Richard Ende des 12. Jahrhunderts aufgrund ihrer Reiteigenschaften sehr geschätzt. Als im 16. Jahrhundert König Heinrich VIII. allen Ponys unter 132 cm Stockmaß den Krieg zugunsten schwerer Schlachtrösser erklärte, wollten walisische Kleinbauern dennoch nicht auf die Arbeitskraft ihrer genügsamen Tiere verzichten. Auf diese Weise überlebten die besten Tiere.

Noch bis ins 18. Jahrhundert finden sich Belege, dass viele Welsh-Ponys zu dieser Zeit auch über den bequemen Tölt verfügten. Danach wurden Hackney-Hengste eingekreuzt, die sich noch heute im Bewegungsablauf wiederfinden.

Welsh Cobs sind gedrungene Reit- und Fahrpferde mit ausdrucksvollen Köpfen, kräftigen, gut geschwungenen Hälsen, langer schräger Schulter und einem tonnigen Rumpf. Der Rücken ist lang, die Hinterhand gut bemuskelt. Die Gliedmaßen sind stark und klar mit reichlich Behang. Hervorragend ist ihr Trab. Eine Mini-Ausgabe des Cob ist das Welsh-Pony der Sektion C mit maximal 137 cm Stockmaß. Adlig und zierlich im „arabischen Typ“ erscheinen dagegen die Welsh-Ponys der Sektionen A und B. Das Welsh-Partbred ist ein Kreuzungsprodukt aus Welsh-Ponys aller Sektionen und anderer Pferde- und Ponyrassen. Der Welsh-Blut-Anteil beträgt mindestens 12,5%.

Weltweit sind etwa 8.000 Welsh-Ponys und Cobs in dem seit 1902 bestehenden Original-Stutbuch und im so genannten „Overseas-Register“ eingetragen.

Welsh-Ponys von A bis D

- Welsh-Ponys werden in vier Typen untergliedert, die sich in Körpergröße und Kaliber unterscheiden:
- Typ A: Welsh-Mountain-Pony bis 122 cm Stockmaß
- Typ B: Welsh-Pony Reit- und Showtyp bis 137 cm Stockmaß
- Typ C: Welsh-Pony im Cob-Typ bis 137 cm Stockmaß
- Typ D: Welsh Cob 132 bis 152 cm Stockmaß

Westfale

Westfälische Pferde sind heute neben den Hannoveranern nach der Zahl eingetragener Zuchtstuten die bedeutendste Warmblutrasse. Die Pferdezucht hat in Westfalen eine lange Tradition, auch wenn das westfälische Landgestüt Warendorf erst 1826 gegründet wurde. Nach dem Ende des Zweiten Weltkrieges widmete man sich ganz der Zucht eines modernen Sport- und Reitpferdes.

Zunächst einmal war der Zuchterfolg sehr gering, da der tatsächliche Markt in den Zuchtzielen des Gestüts keine Berücksichtigung fand. Erst als gegen Ende des 19. Jahrhunderts die Erfordernisse der bäuerlichen Umgebung in das Zuchtziel aufgenommen wurden, stellte sich der erhoffte Erfolg ein.

1904 ist das Gründungsjahr des Westfälischen Pferdestammbuchs, das noch in gleichen Teilen die Kalt- und Warmblutzucht berücksichtigte. Ab 1920 wurde die bis dahin wenig erfolgreiche Kreuzungszucht auf hannoversche Grundlage umgestellt. Bis Ende des Zweiten Weltkrieges lag der Schwerpunkt der Zucht jedoch noch immer auf Kaltblutpferden für die Feldarbeit und auf schweren Warmblütern, die als Kutschpferd geeignet waren. Noch 1945 waren über 70 Prozent der in Warendorf aufgestellten Hengste Kaltblüter. Mit dem Ende des Zweiten Weltkrieges ging der Bedarf an diesen Rassen durch die aufkommende Motorisierung stark zurück. Allmählich entstand der moderne Westfale, wie wir ihn heute kennen.

Das große „W" mit der geschwungenen Krone ist das Brandzeichen des Westfalen.

Berühmte Dressurpferde aus der Westfalen-Zucht

Unter den westfälischen Pferden finden sich neben vielen Springcracks auch einige sehr erfolgreiche und berühmte Dressurpferde, die mit ihren Reitern jahrzehntelang den internationalen Sport dominierten und olympische Medaillen in Einzel- und Mannschaftswertungen einheimsten. Dazu zählen Ahlerich von Dr. Reiner Klimke, Durgo von Martin Schaudt, das einstige Polizeipferd Goldstern von Klaus Balkenhol und der unvergessene Rembrandt von Nicole Uphoff.

Der Westfale ist ein etwas kalibriges Sportpferd mit einem mittelgroßen Kopf, einem langen, gut geformten Hals und einer schrägen Schulter. Die 165 bis 172 cm großen Pferde haben einen stabilen Rücken und eine schräge, gut bemuskelte Kruppe. Die kräftigen Gliedmaßen haben stabile Gelenke und feste Sehnen. Der Westfale ist ein sehr vielseitiges Sportpferd und mit seinem ausgeglichenen Charakter ein guter Freizeitpartner.

Württemberger

Bereits früh finden sich Belege der württembergischen Pferdezucht. Die Landeshauptstadt Stuttgart, die im Wappen ein schwarzes Ross trägt, führt ihren Namen auf einen von Herzog Luitolf von Schwaben um das Jahr 950 gegründeten Stutengarten zurück. 1460 gründete Graf Eberhard V. das Hof- und Landgestüt Marbach und stellte den Züchtern zur Verbesserung der Landeszucht gute Hengste zur Verfügung.

Erst ab 1867 löste sich das Gestüt von Zeitgeist und Laune der Landesherren und begann mit der Einfuhr ostpreußischer Stuten und der Anglo-Normannischen Hengste Faust, Mac Mahon und Communist gezielt, Pferde nach wirtschaftlichen Erfordernissen zu züchten. Bis nach dem Zweiten Weltkrieg wurde ein kräftiges, gesundes und arbeitswilliges Allroundpferd für Landwirtschaft, Militär und Transportwesen benötigt. Dieser Typ lebt in der vom Land Baden-Württemberg geförderten Zucht des schweren Warmbluts der Rasse Alt-Württemberger fort, der vor allem im Fahrsport zu finden ist.

Mit dem Trakehner-Hengst Julmond gelang ab 1960 der Blutanschluss. In der Folgezeit wurden zur Umsetzung des nun sportlich geprägten Zuchtzieles des deutschen Reitpferdes weitere Trakehner-Hengste, in jüngerer Zeit aber auch Hengste aus den Zuchtgebieten Hannover, Westfalen, Holstein und Frankreich eingesetzt.

Der Württemberger ist ein mittelgroßes Warmblut mit 160 bis 167 cm Stockmaß und durch den Trakehnereinfluss etwas kleiner als andere Warmblutrassen. Der Hals sitzt gut geschwungen auf einer schrägen Schulter. Der Rücken ist kompakt und endet in einer muskulösen, schrägen Kruppe.

Württemberger haben eine gute Gangmechanik und zeigen in neuerer Zeit auch ein gutes Springvermögen. Im internationalen Dressursport hat die Rasse einige sehr erfolgreiche Vertreter.

Nach dem Zweiten Weltkrieg wandelte sich auch beim Württemberger das Zuchtziel vom Arbeitspferd zum Sportpferd. Maßgeblich beteiligt war daran der Trakehner-Hengst Julmond Anfang der 60er Jahre des 20. Jahrhunderts.

Reitweisen und Disziplinen

Die Klassische Reitkunst

Vor ca. 4.000 Jahren begann der Mensch, das Pferd als Reittier zu nutzen. Fast alle heute in Freizeit und Profisport ausgeübten Reitweisen haben sich im Laufe der Jahrhunderte aus dem Einsatz in Heeren oder der Arbeit mit Pferden im Alltag entwickelt. Der Reitsport ist mittlerweile so bunt und facettenreich wie die Pferdewelt, die längst nicht mehr an Ländergrenzen Halt macht.

Das Pferd im Dienst des Menschen

Als der Mensch begann, das Pferd als Zug- und Reittier zu nutzen, waren Tagesleistungen von 60 Kilometern plötzlich kein Problem mehr. So war es nur eine Frage der Zeit, bis durch die zunehmende Beweglichkeit die Grenzen zu Nachbarn überschritten und neben ausgedehntem Handel auch kriegerische Konflikte entstanden. Die Überlegenheit von Völkern maß sich nun an deren Geschick, Pferde für sich nutzbar zu machen.

Bereits in früher Zeit wurde daher das friedliche Pferd bei kriegerischen Auseinandersetzungen als Reittier eingesetzt. Die ersten schriftlichen Belege hierüber stammen vom Athener Sokratesschüler Xenophon. Die Gedanken, die er rund 400 Jahre vor Christus zur Pferdehaltung und zur Reiterei niederschrieb, sind auch heute noch verblüffend aktuell und die Grundlage der Klassischen Reiterei. Der berühmteste Führer eines berittenen Kriegerheeres war übrigens Dschinghis Khan, der im 13. Jahrhundert mit seinen Kriegern aus Zentralasien bis zum Kaspischen Meer vordrang.

Neben der Hohen Schule, der Alta Escuela, existieren noch die Reitweise der Hirten (Doma Vaquera) und die der Stierkämpfer (Rejoneo).

Jahrelange Ausdauer und Disziplin erfordert die Ausbildung von Reiter und Pferd für die Hohe Schule, die Kunst der Könige.

Reiten war über viele Jahrhunderte nur reichen und adligen Herrschaften oder dem berittenem Militär vorbehalten. Erst in der Mitte des vorigen Jahrhunderts, als die Kavallerie ausgedient und Kraftfahrzeuge das Pferd abgelöst hatten, entdeckte man Reiten als Sport und Freizeitbeschäftigung.

Klassisch-Barockes Reiten

In der Blütezeit des Barock im 17. und 18. Jahrhundert übte der Adel die Reiterei erstmals nur zum Selbstzweck aus. Damit wurde die Klassische Reitkunst zum Inbegriff der „Freizeitreiterei", dem Reiten aus Spaß an der Freude. Das Pferd war ein Statussymbol und die Anforderungen, die an Mensch und Tier gestellt wurden, lagen auf höchstem Niveau. Es war die Blütezeit der Hohen Schule zu Pferde.

Die Ursprünge der Klassisch-Barocken Reitweise liegen tatsächlich bei Xenophon, der in seinen berühmten Werken „Über die Reitkunst" und „Der Reitoberst" zur Verständigung mit dem faszinierenden Wesen Pferd einen gerechten und selbstbeherrschten Umgang forderte. Anschließend vergingen jedoch rund 2.000 Jahre ohne jegliche schriftliche Überlieferungen zur Reiterei, ehe die geschickten maurischen Reiterheere ihren Einfluss auf der iberischen Halbinsel geltend machten.

Antoine de Pluvinel (1555–1620), Stallmeister und Reitlehrer von Ludwig XIII., entwickelte schließlich die Klassische Reitlehre Xenophons weiter. Er war schon in jener Zeit der Ansicht, dass das Pferd durch Verständnis für seinen Charakter, Lob und Geduld auch ohne Gewalt zur Mitarbeit gebracht werden könne. Pluvinel gilt als Erfinder der Pilaren und Vorreiter der Bodenarbeit.

Francois Robichon de la Guérinière (1688–1751) hinterließ mit seiner „Ecole de Cavallerie" ebenfalls eine Reitlehre, die noch heute ihre Gültigkeit in der Klassischen Schulreiterei hat. Doch setzte sie sich zunächst nicht durch und wurde bereits bei Erscheinen von der zweckorientierten militärischen Reitentwicklung überholt.

In der Blütezeit der Klassisch-Barocken Reiterei wurden verschiedene Reitschulen in Europa gründet, die diese Tradition bis heute pflegen: die Spanische Hofreitschule in Wien, die Cadre Noir im französischen Saumur und die Spanische Hofreitschule in Jerez de la Frontera.

Heute erlebt die Klassische Reitkunst eine Renaissance, und wieder ist es die Freude an der Ausbildung, die Anhänger dieser Reitweise begeistert. Es ist ein gemeinsamer Weg, den Reiter und Pferd über lange Zeit gemeinsam gehen, denn bis ein Pferd die Hohe Schule beherrscht, benötigt es bei sanfter und verständnisvoller Ausbildung oft sechs bis acht Jahre.

Klassische Reiterei: Reiten als vollendetes Kunsthandwerk und alles just for fun für Reiter und Pferd.

Schule auf und über der Erde

Als **Piaffe** bezeichnet man den den erhabenen Trab auf der Stelle mit untertretender Hinterhand.

Die **Passage** ist der „Schwebetrab" mit minimaler Vorwärtsbewegung.

Bei der **Levade** trägt die tief gebogene Hinterhand des Pferdes die gesamte Last, die Vorderbeine erheben sich angewinkelt über die Erde.

Die **Courbette** zählt zu den Schulsprüngen: Das Pferd erhebt sich auf die Hinterbeine und springt auf diesen vorwärts, ohne mit der Vorhand zu landen.

Der schwerste Schulsprung ist die **Capriole**: Das Pferd springt mit allen Vieren gleichzeitig in die Höhe, schlägt in der Luft nach hinten aus und landet wieder zeitgleich mit allen vier Beinen auf dem Boden.

Dressur, Springen und Vielseitigkeit

Wenn von der „deutschen" oder „englischen" Reitweise die Rede ist, so ist in der Regel der gängige Dressur- und Springsport gemeint, der im Gegensatz zur Klassischen Reiterei eher schnörkellos erscheint. Auch das Equipment wird als „englisch" bezeichnet. In den Reitweisen gibt es jedoch kleine, feine Unterschiede.

Reiten nach Norm

Auch die Wurzeln der deutschen Reiterei liegen bei Xenophon und de la Guérinière. Ihr Ziel ist die zwanglose Harmonie zwischen Reiter und Pferd. Dabei soll das Pferd in absolutem Gleichgewicht und Losgelassenheit an kaum wahrnehmbaren Hilfen in sicherer Anlehnung stehen.

Die deutsche Reitweise entstand aus der Notwendigkeit, junge Pferde und Reiter in kurzer Zeit für die Kavallerie auszubilden. Vorreiter waren die Kavallerieschulen in Saumur und Hannover. Aus den Stilrichtungen beider Schulen entstanden die heutigen Ansprüche an die Dressurreiterei: gelassen, vorwärts, abwärts.

Von Dressurpferden werden raumgreifende, schwebende Tritte gefordert. Die Klassik setzt dagegen eher auf erhabene Bewegungen.

Harmonie ist Sensibilität, Einfühlungsvermögen, Beständigkeit und Einklang. Dressur in Harmonie bedeutet also, eine Aufgabe gemeinsam so zu lösen, dass Reiter und Pferd Freude bei der Arbeit haben.
EGON VON NEINDORFF

Die englische Reitweise hat ihre Heimat in der Gelände- und Jagdreiterei der britischen Inseln. Dementsprechend salopper erscheint sie in der Ausführung. Auch der Sitz des Reiters ist individueller und zweckmäßig.

Der Springsport ist die beliebteste Disziplin bei sportlich ambitionierten Reitern und Zuschauern.

Wie Schule: Reiten in Klassen für Noten

Dressur- und Springprüfungen werden je nach Schwierigkeitsgrad in die Klassen E=Eingangsstufe, A=Anfänger, L=leicht, M=mittelschwer und S=schwer eingeteilt.

Die Wertnoten sind in der Leistungsprüfungsordnung festgelegt: 10=ausgezeichnet, 9=sehr gut, 8=gut, 7=ziemlich gut, 6=befriedigend, 5=genügend, 4=mangelhaft, 3=ziemlich schlecht, 2=schlecht, 1=sehr schlecht, 0=nicht ausgeführt.

Springen und Vielseitigkeit für Mutige und Könner

Der Springsport ist Faszination und Publikumsmagnet auch für nichtreitende Pferdefans. Die Pferde sind wahre Spezialisten: meist großrahmige Tiere mit gut bemuskelter Schulter und Hinterhand und kräftigem Fundament.

Die eigentlichen Wurzeln des Springreitens liegen in den Reitjagden des 18. Jahrhunderts. Im Gelände konnten Zuschauer dem Spektakel jedoch nur eingeschränkt beiwohnen, so dass das Geschehen zunehmend auf überschaubare, künstlich angelegte Plätze verlegt wurde.

Noch bis Ende des 19. Jahrhunderts belegen alte Stiche den vom Engländer James Fillis propagierten Springstil: Beim Anreiten auf das Hindernis wurde der Oberkörper vorgeneigt, beim Landen dagegen stark zurückgenommen. Einzelne englische Jagdreiter

Eine solide Dressurausbildung ist ein Muss für jedes Sport- und Freizeitpferd, egal welcher Disziplin sich Reiter und Pferd verschrieben haben.

hängen diesem „old english hunting seat" bis heute an. Als Schöpfer eines modernen, pferdefreundlichen Springstils gilt dagegen der italienische Kavallerieoffizier Federico Caprilli. Statt dem Anreiten der Hindernisse in starker Versammlung förderte er den natürlichen Vorwärtsdrang des Pferdes. Die Steigbügel der Reiter wurden verkürzt und das Gewicht nach vorne verlagert, um Rücken und Hinterhand zu entlasten. Caprilli ritt im leichten Sitz, wie er auch heute noch im modernen Springsport zu finden ist.

Springwertung: Wenn die Stangen fallen

Hindernisfehler	4 Strafpunkte
Erster Ungehorsam	3 Strafpunkte
Zweiter Ungehorsam	6 Strafpunkte
Dritter Ungehorsam	Disqualifikation
Sturz von Reiter und/ oder Pferd	8 Strafpunkte
Zweiter Sturz	Disqualifikation
Zeitüberschreitung	1/4 Strafpunkt je Sekunde, Stechen: 1 Strafpunkt
Überschreitung Höchstzeit	Disqualifikation

Kraft, Ausdauer, Mut und Rittigkeit erfordert der Vielseitigkeitssport vom Pferd – ein feines Gespür für die Verfassung des Pferdes, Verantwortungsbewusstsein und körperliche Fitness vom Reiter.

Hohe konditionelle und technische Anforderungen stellt das Vielseitigkeitsreiten an Mensch und Tier. Hier sind mutige Allrounder gefordert.

Die Vielseitigkeit besteht aus drei Prüfungsteilen: einer Dressurprüfung zur Beurteilung der Rittigkeit des Pferdes, dem meist spektakulären und Kräfte zehrenden Geländeritt über feste Hindernisse und Gräben sowie einem abschließenden Jagdspringen. Dazwischen werden die Pferde von Tierärzten auf ihre Verfassung hin untersucht.

Trotz oftmals schwerer Stürze hat diese Sportart nichts von ihrer Anziehungskraft eingebüßt. Der Nabel der Vielseitigkeitswelt liegt in Großbritannien.

Western- und Gangpferdereiten

Nicht allen Pferdefreunden liegt die traditionelle deutsche Reitweise. Auf der Suche nach anderen Möglichkeiten wuchs in den vergangenen Jahrzehnten die Schar der Freunde alternativer Reitweisen und Pferderassen. Zunächst als Spinnerei belächelt, gibt es bei Western- und Gangpferdefreunden heute neben einer Vielzahl von Freizeitreitern auch sehr professionelle Turnierszenen.

Best Western: Altkalifornische Reitweise und Texas Style

Das Westernreiten ist ursprünglich eine Gebrauchsreitweise, entstanden aus der Rancharbeit mit großen Rinderherden in Amerika. Dabei unterscheidet man zwei Richtungen: Die Altkalifornische Reitweise entwickelten die spanischen Vaqueros, die an der kalifornischen Westküste die Rinderherden der Missionsstationen hüteten. Ihre Wurzeln liegen in der Klassisch-iberischen Reitkunst, die die spanischen Einwanderer auf den amerikanischen Kontinent mitbrachten. Die Reitweise wirkt eleganter und aufwändiger als der auf Zweckmäßigkeit ausgerichtete Texas Style, den die Rinderhirten und Siedler pflegten, die den amerikanischen Kontinent von Osten her erschlossen. Der saloppere Texas Style steht unter dem Einfluss der englischen Reitweise.

Westernreiten ist mehr als nur eine Cowboyshow. In Europa hat sich in den letzten Jahrzehnten eine professionelle Turnierszene etabliert.

Stilechtes Equipment: Cowboyhut und Fransenhemd

Wie in allen Reitsportszenen haben auch Westernreiter ihre „Kleiderordnung“, man setzt hier auf praktisch und bequem: Reitjeans, Chaps, bequeme Schuhe und Cowboyhut, am besten mit Sicherheitsschale.

Die Pferde tragen den typischen Westernsattel mit breiter Auflage, mit und ohne Horn. Das Horn dient beim Cutting, der Arbeit am Rind, zum raschen Fixieren des Lassos am Pferd. Die kräftigen Rinder würden den Reiter sonst aus dem Sattel ziehen.

Die Zäume sind aufwändig oder ganz schlicht. Fortgeschrittene Westernreiter zäumen auf Kandare, so genannte „Bits“, die einhändig geritten wird. Weniger routinierte Pferde und Reiter greifen zum Snaffle Bit, das ähnlich wirkt wie eine Wassertrense. Auch gebisslose Zäume wie das Bosal sind häufig anzutreffen.

Für Liebhaber: Tölt und Pass erfordern Einfühlungsvermögen und Reitkenntnisse. Dann aber ist es bequem oder atemberaubend schnell.

Turnierdisziplinen im Westernsport

Disziplin	Anforderung
Halterprüfung	Exterieur und Ausdruck, interessant für Züchter
Western Trail	natürliche in der Rancharbeit vorkommende Hindernisse
Western Horsemanship	vergleichbar mit Dressurprüfungen; Präzision/Sitz und Einwirkung
Western Pleasure	Schwerpunkt Grundgangarten – Walk, Jog und Canter in niedrigem Grundtempo
Reining	festgelegte Lektionen nach Plan, Rittigkeit
Cutting	Arbeit am Rind

Reiten wie auf Wolken

Der Tölt ist ein erschütterungsarmer Viertakt, die Fußfolge identisch mit dem Schritt. Das Tempo variiert von langsam bis sehr schnell. Einige wenige Rassen zeigen auch die laterale Gangart Pass, ein zum Zweitakt verschobener Viertakt, bei dem sich die Beinpaare einer Seite gleichzeitig nach vorne bewegen. Er wird nur in Rennen auf kurzen Distanzen geritten.

Gangpferde – mehr als nur drei Gänge

Bereits zu Beginn des 20. Jahrhunderts kamen Islandpferde als leichte Arbeitstiere auf den Kontinent. Doch erst in den 50er-Jahren eroberten sie als robust zu haltende Reitpferdealternative die Pferdewelt außerhalb Islands. In den folgenden Jahrzehnten wuchs die Fangemeinde weiterer Gangpferderassen, vor allem jener vom amerikanischen Kontinent, die die Gangveranlagung ihrer iberischen Vorfahren erhalten haben.

Gangpferde verfügen neben den Grundgangarten Schritt, Trab und Galopp noch über Tölt oder über – je nach Rasse und spezieller Veranlagung – zu Pass oder Trab verschobene Taktvarianten. Die zusätzlichen Gangarten dieser Pferde sind genetisch angelegt und, anders als oft spekuliert, nicht erlernt. Die meisten Pferde sind Naturtölter mit reichlich „Gangveranlagung", einige finden den Tölt erst durch ein spezielles Training, das Eintölten.

Gangpferdereiter sind vielfach Freizeitreiter, die die Bequemlichkeit ihrer Pferde im Gelände auf langen Ausritten und Wanderritten genießen. Daneben hat sich sowohl bei den quirligen Islandpferden als auch bei den meist großwüchsigeren nord- und südamerikanischen Gangpferderassen eine sehr professionelle Turnierszene etabliert, die sich in speziellen Gangprüfungen nationaler und internationaler Konkurrenz stellt.

Beim sportlichen Gangpferdereiten steht das Herausreiten der rassetypischen Gänge im Vordergrund. Die Prüfungen werden auf Ovalbahnen geritten. Spezielle Passrennen laufen über kurze, gerade Distanzen zwischen 150 und 250 Metern Länge.

Gesellschaft, Wettkampf und Akrobatik

Der Reitsport ist einerseits eine Individualsportart, andererseits aber doch sehr gesellig. Ganz abgesehen von Ausritten mit Freunden werden auch einige Wettbewerbsdisziplinen nicht nur von Einzelkämpfern ausgeübt. Ganze Mannschaftsspiele können auf und mit dem Pferd bestritten werden. Hier spielen Gesellschaft, Teamgeist und die Freude am gemeinsamen Hobby die Hauptrolle.

Jagdreiten

Reitjagden haben eine lange Tradition und waren schon vor vielen hundert Jahren ein beliebte Beschäftigung adliger Kreise. Heute ist die Jagd auf lebendes Wild vom Pferd aus verboten und die geselligen Fuchsjagden, die vor allem im Herbst stattfinden, haben symbolischen Charakter. Trotzdem haben die Teilnehmer eine Menge Spaß, wenn sie den „Fuchs" über mehrere Kilometer lange landschaftlich reizvolle Geländestrecken mit einfachen Hindernissen verfolgen. Geführt werden die Reiter vom „Master" an der Spitze, begleitet von seinen „Pikeuren", die das Jagdfeld zusammenhalten.

Mounted Games

Spielerisch und akrobatisch geht es bei den Mounted Games zu, einer noch jungen Reitsportdisziplin auf dem europäischen Kontinent. Ihren Ursprung haben die schnellen Geschicklichkeitswettbewerbe auf dem Pferd in Großbritannien, wo vor allem Kinder über einen sehr vielseitigen Ponysport ans Reiten herangeführt werden. Mut, Geschicklichkeit, Körpergefühl und akrobatische Fähigkeiten sind bei vielen Prüfungen in Mannschafts-, Paar- und Einzelwettbewerben gefragt. Wendige, schnelle Ponys sind die Hauptakteure der Mounted Games.

Der Reitsport bietet auch jede Menge Spiel und Spaß mit dem Pferd, in dem gegenseitiges Vertrauen und Geschick zum Erfolg führen.

Polo

Härte, Schnelligkeit und Wendigkeit sind die Markenzeichen von Poloponys. Doch auch den Reitern fordert der schnelle Mannschaftsport einiges ab, schließlich kassieren ihre Knochen so manchen Schlag mit dem Stick aus Weiden- oder Bambusholz.

Jede Mannschaft tritt mit vier Spielern an. Das Feld ist 270 x 180 Meter groß, in vier bis acht Spielabschnitten zu je siebeneinhalb Minuten wird auf das rund 7 Meter breite Tor gespielt. In einer kurzen Pause werden die Pferde gewechselt, die maximal zwei Spielabschnitte (sogenannte Chukker) pro Tag spielen dürfen.

Polo ist das älteste Spiel mit Stock und Ball auf dem Pferd und hat seinen Namen vom tibetischen „Pulu", was Ball bedeutet. Es wurde bereits im 6. Jahrhundert v. Chr. nach persischen Überlieferungen gespielt und gilt als Vorläufer moderner Sportarten wie Cricket, Golf und Hockey.

Heute ist Polo vor allem in Großbritannien und anderen Commonwealth Ländern zu Hause. Poloponys stammen häufig aus argentinischer Zucht, einer weiteren Hochburg des Polosports.

Polo ist sehr aufwändig und hierzulande weniger verbreitet.

Voltigieren

Historische Aufzeichnungen belegen, dass schon in der Antike das Voltigieren ein fester Ausbildungsbestandteil junger Römer der Oberschicht war. Die Ritter des Mittelalters übten sich in voller Rüstung kunstvoll auf dem Pferd. Noch im 17. Jahrhundert gehörte Voltigieren zur Ausbildung an Ritterakademien. Aus dieser Zeit stammt auch der Begriff „La voltige", was so viel wie Rossspringen heißen soll. Damit werden die turnerischen Übungen am sich bewegenden Pferd umschrieben.

Voltigieren ist heute ein Klassiker unter den Einstiegsdisziplinen für Kinder in den Pferdesport. Beim Voltigieren lernen die Jüngsten spielerisch Balance, Koordination und Körpergefühl.

Voltigieren als Leistungssport

Voltigierwettbewerbe werden in Gruppen- oder Einzelwettbewerben durchgeführt. Eine Wettkampfgruppe besteht aus acht Voltigierern und einem Ersatzmann oder einer Ersatzfrau, einem gut ausgebildeten Voltigierpferd und dem Longenführer. Ab 14 Jahren dürfen Jugendliche auch in Einzelwettbewerben antreten.

Das Voltigierpferd trägt einen speziellen Gurt mit Haltegriffen und Schlaufen. Die Übungen gliedern sich in einen Pflicht- und Kürteil und werden im Galopp geturnt. Das Pferd wird dabei vom Longenführer auf dem Zirkel bewegt.

Im Gruppenwettbewerb dürfen maximal drei Turner gleichzeitig auf dem Pferd sein. Die korrekte Ausführung der Übungen, Körperspannung, Schwierigkeit, Gestaltung der Kür und die Harmonie mit dem Pferd fließen in die Bewertung ein. In Gruppenwettbewerben sind das Gruppenverhalten, die Arbeit des Longenführers und der Gehorsam des Pferdes weitere wichtige Kriterien.

Voltigierwettbewerbe finden auf regionaler Ebene bis hin zu Weltmeisterschaften statt.

Reiten lernen

Die richtige Reitschule

Wer mit dem Reiten beginnt, hat meist eine konkrete Reitweise oder Disziplin vor Augen. Den Anstoß hat vielleicht eine Show, eine Pferdemesse, die Aufführung einer Hofreitschule oder der Besuch auf dem Reitturnier gegeben. Oft ist es aber auch einfach nur Zufall, bei welcher Reitweise man landet: der Reitstall in der Nähe, eine Reitbeteiligung, ein Reiterstammtisch oder Freunde mit Pferden.

Wir haben fast vergessen, was für eine seltsame Sache es ist, dass ein Tier, so groß, so kraftvoll und so intelligent wie ein Pferd, einem anderen, weit schwächeren Wesen erlaubt, auf seinem Rücken zu reiten.

PETER GRAY

Sportlich oder just for fun

Ehrgeizige Typen, die sich gerne in Wettbewerben messen, interessieren sich meist für den Spring- oder Dressursport. Ganz Unerschrockene landen vielleicht bei der trainingsintensiven Vielseitigkeitsreiterei. Aber auch Western- und Gangpferde bieten heute eine professionelle Turnierszene.

Andere Reiter suchen eher das ruhige Naturerlebnis und reiten stundenlang allein oder in Gesellschaft durch Wald und Flur. Sie wollen keine sportliche Herausforderung, sondern genießen ihr Hobby auf Wander- und Orientierungsritten, wo Geschicklichkeit und das partnerschaftliche Miteinander von Mensch und Tier im Vordergrund stehen. Auch sie sollten sich und ihrem Pferd, unabhängig von ihren geringen Wettkampfambitionen, eine gute Ausbildung und regelmäßige Korrekturen gönnen.

Das harmonische Bild von Reiter, Pferd, Outfit und Umfeld ist oft ausschlaggebend für die Faszination, die eine Reitweise auf uns ausstrahlt: Schwarze Friesen piaffieren zu klassischer Musik, ein kunstvoll eingeflochtener Lusitano tanzt um die Garocha, der Westernreiter trennt geschickt Kälber von der Herde. „Kostüm" und ein passendes Pferd machen aber noch keinen guten Reiter. Hinter all diesen Demonstrationen stehen meist Jahre eiserner Disziplin und eine gründliche Ausbildung.

Reiten lernen – aber wo?

Reiten lernen soll Spaß machen. Deshalb entscheidet auch die Wahl der richtigen Reitschule maßgeblich darüber, ob ein Reitschüler sich langfristig für das neue Hobby begeistert, neue Freunde, Spaß und Erfolgserlebnisse auf dem Weg zum guten Reiter findet. Die Reitweise spielt dabei zunächst eine untergeordnete Rolle.

Bis ein Pferd die Hohe Schule beherrscht, vergehen sechs bis acht Jahre systematischer Ausbildung. Die meisten Reiter benötigen für dieses Niveau noch viel länger.

Das bieten Reitweisen und Disziplinen

	Dressur/ Springen	Vielseitig-keit	Jagdreiten	Klassik/ Barock	Western	Gang-pferde	Distanz-rennen	Distanz- u. Orientie-rungsritte	Wander-reiten
Geselligkeit	x	x	x	x	x	x	x	x	x
Naturerlebnis		x	x		x	x	x	x	x
Show				x	x	x			
Kunsthandwerk Reitsport	x/-			x					
Geschicklichkeit	x	x	x	x	x	x		x	x
Sportliche Konkurrenz	x	x			x	x	x		x

Wichtig ist die Vermittlung eines guten, zügelunabhängigen Sitzes und einer präzisen Hilfengebung. In einer guten Reitschule lernt der Schüler jedoch nicht nur die Reittechnik, sondern auch viel Wichtiges und Wissenswertes rund um Pferdehaltung und -pflege, die richtige Ausrüstung und den partnerschaftlichen Umgang mit dem Pferd. Schließlich ist das Pferd kein lebloses Sportgerät, sondern ein Individuum mit Gefühlen und charakteristischen Eigenheiten.

Ein guter Ausbilder kann dem Reitschüler die manchmal komplizierten Abläufe beim Reiten verständlich erklären, ohne sich hinter abstrakten Fachbegriffen, Kommandos oder dem beliebten „das wurde schon immer so gemacht" zu verstecken.

In einer guten Reitschule stehen die Pferde in hellen, luftigen Ställen mit Kontakt zu Artgenossen und bekommen zu jeder Jahreszeit ausreichend Weidegang oder Auslauf. Man merkt das am freundlichen und ausgeglichenen Verhalten der Pferde.

Die Sattelkammer sollte ordentlich aufgeräumt sein und jedes Pferd einen eigenen Sattel und eine eigene Trense haben. Das Putzzeug ist sauber und aufgeräumt. Schön, wenn auch hier jedes Pferd sein eigenes hat.

Reitplatz oder Halle werden nach jeder Unterrichtsstunde abgeäpfelt. Auch der Hufschlag sieht nach regelmäßiger Pflege aus. Der Umgangston zwischen Reitlehrer und Schülern, aber auch gegenüber den Pferden, ist freundlich und höflich.

Ausbilder mit Qualifikationsnachweis

„Reitlehrer" ist keine geschützte Berufsbezeichnung. Zur besseren Qualitätseinschätzung gibt es im Amateurbereich, abhängig von der Qualifikation, die Einteilung in Trainer A, B und C – vom semiprofessionellen Amateurreitlehrer bis zum Übungsleiter. Diese Staffelung gilt für die Amateurausbilder im Englisch- und Westernreiten, Islandpferde- und Gangpferdereiten sowie dem Voltigieren. Die Berufsreitlehrer haben in der Regel eine Ausbildung zum Bereiter, Pferdewirt oder zum Pferdewirtschaftsmeister.

Die Qualität des Reitunterrichts hängt aber weniger von der Ausbildung des Reitlehrers als von seinem pädagogischen Geschick ab. Wer sich nicht sicher ist, ob die Chemie stimmt, macht einfach im Reitstall seiner Wahl eine Schnupperstunde.

Reitbekleidung – praktisch und schön

„Kleider machen Leute", und so stellen die Hersteller von Reitsportbekleidung regelmäßig neue Kollektionen vor. Neben modischem Chick muss Reitbekleidung aber vor allem praktisch sein. Bei der Auswahl spielt natürlich auch die Reitweise eine Rolle, doch geht im Alltag Funktionalität und Bequemlichkeit vor „Kostümzwang".

Der Reithelm

Der Reitsport gilt als Risikosportart, auch wenn er in der Unfallstatistik nicht auffälliger als andere Trendsportarten sein mag. Doch wenn etwas passiert, dann richtig. Dennoch wird kein „Kleidungsstück" unter Reitern so kontrovers diskutiert wie der Helm – und doch hat er schon vielen das Leben, mindestens aber den Verstand gerettet. Deswegen gilt das Motto: „Wer was drin hat (im Kopf), hat was drauf."

Moderne Reithelme bieten neben einem ansprechenden Design ein hohes Sicherheitsniveau, ein geringes Gewicht und eine gute Klimatisierung. Die meist verstellbare Innenpolsterung „wächst" bei Kindern mit und ermöglicht im Winter sogar das Tragen eines Stirnbandes oder einer Mütze. Im Sommer sorgen Klimaschlitze bei vielen Modellen für eine angenehme Luftzirkulation. Westernreiter tragen lieber Cowboyhüte. Für sie gibt es Modelle mit bruchfester Innenschale.

Die Reithose

Zum Schutz des empfindlichen Reiterpopos gibt es bequeme Reithosen in verschiedenen Schnittformen, mit Stoffbesatz, Kniebesatz oder Volllederbesatz. Die Wahl ist reine Geschmackssache und abhängig vom Geldbeutel. Der moderne Kunstfaserbesatz wäscht sich leichter als Reithosen mit echtem Leder.

Jodphurhosen sind bei Gelände- und Wanderreitern, aber auch in der Barock- und Gangpferdeszene sehr beliebt. Sie sind gerade geschnitten, ein Steg unter dem Fuß verhindert das Hochrutschen der Hosenbeine. Zu Jodphurhosen trägt man Stiefeletten, im Gelände und bei der täglichen Stallarbeit auch feste Wanderschuhe.

Beim Reithelm auf die gültige Norm achten

Reithelme sollten über eine Dreipunktbefestigung des Kinnriemens verfügen und ausreichend Nackenfreiheit haben, damit im Falle eines Zusammenstoßes des Kopfes beispielsweise mit einem Ast der Helm keine Genickverletzungen verursachen kann. Eine Orientierung über die Qualität eines Reithelms bieten die aktuell gültigen DIN-Normen, über die der Fachhandel und Hersteller Auskunft geben können.

Reitbekleidung ist nicht nur schick, sondern auch zweckmäßig. Moderne Materialien machen das Tragen in jeder Jahreszeit angenehm.

Westernreiter tragen meistens Jeans mit einer einfachen Innennaht und Lederchaps.

Außerdem gibt es spezielle Reitunterwäsche, die an den sensibelsten Stellen gepolstert und nahtlos ist.

Westen, Jacken, Handschuhe

Jacken und Westen sollten nicht zu weit sein und über leichtgängige Reißverschlüsse verfügen, die auch einhändig gut zu bedienen sind. Für den Reitunterricht eignen sich figurbetonte Modelle, denn sie ermöglichen es dem Reitlehrer, Haltungsfehler im Oberkörper aufzuspüren. Wer viel und lange im Gelände reitet, ist mit wetterfesten Jacken aus dem Outdoorbereich, die viele Taschen für Handy, Hufkratzer und Taschenmesser haben, gut angezogen. Sicherheitswesten mit Rückenprotektoren sind eine sinnvolle Investition, auch wenn sie keine vollständige Garantie vor Rückenverletzungen bieten.

Reithandschuhe schützen nicht nur vor Kälte, sondern auch die empfindliche Haut zwischen den Fingern – und damit auch das Pferdemaul. Hat man Blasen zwischen den Fingern, verkrampft die Reiterhand, Zügelsignale kommen dann viel zu hart und unpräzise im Pferdemaul an.

Gut beschuht: Reitstiefel & Co

In den meisten Reitställen sieht man Reiter mit Lederstiefeln. Sie sind ein feines, aber teures Schuhwerk und wenig geeignet, wenn man Pferde von matschigen Koppeln holen oder Stallarbeit verrichten muss. Unempfindlicher sind Gummireitstiefel. Markenprodukte lassen heute erst auf den zweiten Blick das Material erkennen. Alternativ gibt es Stiefeletten zu Chaps aus Leder oder pflegeleichtem Neopren. Wer viel im Gelände reitet oder häufig Arbeiten im Stall und auf der Weide erledigt, wird robuste Trekkingschuhe wählen. Sie sind auch bei einem unfreiwilligen Fußmarsch die bequemste Variante. Relativ robust sind auch Cowboystiefel, wie sie Westernreiter gerne tragen.

Sporen sind keine Dekoration sondern ein sinnvolles Hilfsmittel. Sie gehören nur an erfahrene Reiter mit einem ruhigen Bein.

Schuhe immer mit Absatz wählen

Alle Schuhe zum Reiten müssen einen Absatz haben, der verhindert, dass man durch die Bügel rutscht und bei einem Sturz darin hängen bleibt. Schnürsenkel dürfen nicht zu lange sein, damit sie sich nicht am Sattelzeug oder im Gelände verfangen.

Das braucht ein Pferd

Auch Pferde brauchen wie alle Sportler eine Grundausstattung. Unabhängig von der Reitweise sind Halfter, Strick, Sattel und Zaumzeug die wichtigsten Utensilien. Daneben gibt es noch eine Vielzahl sinnvoller (aber auch überflüssiger) Dinge, mit denen der Reiter sich und seinem Pferd etwas Gutes tun kann.

Das Stallhalfter aus Nylon oder Leder gehört zur Grundausstattung eines Pferdes. Ideal ist ein Strick mit Panikhaken, der sich im Notfall leicht lösen lässt.

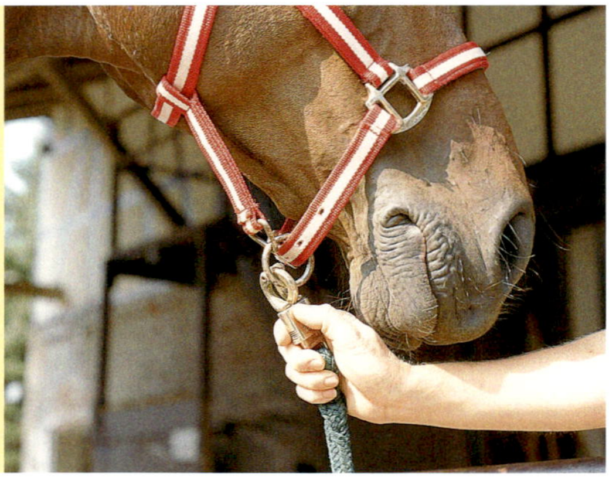

Halfter und Strick

Für den alltäglichen Umgang im Stall und für den Weg zur Weide braucht das Pferd ein Stallhalfter aus Nylon oder Leder. Welches Material man wählt, ist letztendlich eine reine Geschmacks- und Kostenfrage. Vorteilhaft ist es aber, wenn sich das Halfter auch am Nackenriemen öffnen läßt. Besonders Pferde mit empfindlichen Ohren wissen dies zu schätzen.

Jedes Pferd sollte einen eigenen Sattel und Trense haben, denn beide sind individuell auf das einzelne Tier zugeschnitten und drücken nicht. Gute Qualität hat zwar ihren Preis, aber vom Fachmann angepasst haben Reiter und Pferd bei ordentlicher Pflege jahrelang Freude an ihrer Ausrüstung.

Der Strick muss stabil sein und über einen leicht zu öffnenden Karabiner- oder noch besser einen Panikhaken verfügen. Dieser öffnet sich, wenn das Pferd angebunden in Panik gerät und nach hinten reißt. So werden schlimme Verletzungen vermieden.

Decken

Eigentlich haben Pferde durch ihr Fell einen guten Wetter- und Klimaschutz. Trotzdem sind Decken in manchen Fällen durchaus sinnvoll. Verschwitzte Pferde bringt man mit einer gut saugenden Abschwitzdecke schneller trocken. Diesen „Luxus" sollten auch robust gehaltene Pferde nach dem Reiten genießen können. Eine wärmende Thermodecke kann im Winter bei geschorenen Pferden oder im Fall einer Krankheit gute Dienste leisten. Wer mit seinem Pferd auf Turniere oder Wanderritte geht, sollte sich eine Regendecke anschaffen. Bei besonders empfindlichen Pferden bewährt sich eine weitmaschig gewebte Fliegendecke. Sie kann durch ein Fransenstirnband oder eine Gesichtsmaske ergänzt werden, um einer durch Mücken verursachten Bindehautentzündung vorzubeugen. Immer mehr robust gehaltene Pferde leiden an einer Allergie auf Kriebelmücken, dem Sommerekzem. Eine Ekzmerdecke wehrt die aggressiven Mücken ab und lindert den Juckreiz der Pferde.

Pferdedecken müssen gut sitzen. Keinesfalls dürfen sie an Widerrist und Schulter drücken oder scheuern. An der Brust sollten sie leicht verschließbar sein. Ein elastischer Deckengurt fixiert die Decke. Bleibt sie länger auf dem Pferd, muss es sich damit auch gefahrlos hinlegen können. Dazu sind eine Schlaufe unter der Schweifrübe, Beinschlaufen oder ein anpassungsfähiger Kreuzgurt notwendig

Sattel und Sattelunterlage

Mittlerweile gibt es zahllose Sattelvarianten. Die meisten haben einen starren oder gefederten Baum aus Holz, Metall oder Kunststoff, der den Druck des Reiters auf dem Pferderücken verteilt. Es gibt aber auch baumlose Modelle und Reitkissen.

Ein gut passender Sattel hat eine ausreichend weite Kammer und breite Sattelkissen, die auf dem bemuskelten Teil des Rückens aufliegen. Der Kissenkanal muss der Wirbelsäule ausreichend Platz lassen. Der Sattelschwerpunkt sollte in der Mitte liegen und das Reitergewicht gleichmäßig auf die Aufla-

Die Wahl des Sattels hängt in der Regel von der Reitweise ab. Immer muss er an das einzelne Pferd angepasst werden, damit kein Druck entsteht. Steigbügelriemen und Gurtstrupfen müssen regelmäßig auf Verschleiß überprüft werden, um Unfälle durch brüchiges Leder zu vermeiden.

Die Wassertrense ist das gebräuchlichste Gebiss. Sie kann einfach oder doppelt gebrochen sein und wirkt bei richtiger Handhabung relativ weich im Pferdemaul.

Westernreiter greifen gerne auch mal zu einer gebisslosen Zäumung wie dem Bosal. Diese wirkt nicht im Maul, sondern auf den Nasenrücken des Pferdes. Gebisslose Zäumungen sind auch eine Alternative bei Maulproblemen des Pferdes.

Nur etwas für Profis: Die Kandarenzäumung besteht aus dem Stangengebiss, das auf Kiefer, Genick und Kinn (durch die Kette) wirkt. Ein zweites Paar Zügel wirkt seitlich an der so genannten Unterlegtrense, einer dünnen Wassertrense.

gefläche verteilen. Der Sattel, egal ob englisch, western, iberisch oder ein Wanderreit- oder Gangpferdesattel, darf nur so lang sein, dass er nicht in die Nierenpartie drückt. Sattelkauf braucht Profirat! Die korrekte Anpassung durch einen Fachmann und ein großzügiges Rückgaberecht, wenn der Sattel gar nicht passt, erspart viel Ärger und Schmerz beim Pferd.

Satteldecken oder Pads schonen entgegen der landläufigen Meinung nicht den Pferderücken, sondern den Sattel. Der Schweiß würde dem Leder auf Dauer schwer zusetzen und die Lebensdauer der teuren Ausrüstung verkürzen. Decken, Schabracken und Pads müssen der Sattelform angepasst und nur so dick sein, dass dem Pferd unter dem Sattel kein Zwang oder Druck entsteht. Nach dem Reiten werden sie zum Trocknen auf die Oberseite gelegt und später Haare und Schmutz herausgebürstet.

Zäumung

Um sich mit dem Pferd beim Reiten zu verständigen, verwendet man eine Zäumung mit Kopfstück, Gebiss und Zügeln. Das Kopfstück besteht mindestens aus einem Backenriemen, meist jedoch auch noch aus Stirn- und Kehlriemen. Häufig wird noch ein Reithalfter verwendet, das das Aufsperren des Maules beim Annehmen der Zügel verhindern soll. Beim Hannover'schen Reithalfter laufen Nasen- und Kinnriemen über die Trensenringe. Der Nasenriemen liegt zwei Finger breit über dem Ende des Nasenbeins, damit die Atmung nicht behindert wird. Das Englische Reithalfter liegt zwei Finger breit unter dem Jochbein und wird unter den Backenstücken durchgeschnallt.

In die Kopfstücke werden die Gebisse eingeschnallt. Am gängigsten ist sicher die einfach gebrochene Wassertrense. Je nach Ausbildungsstand von Reiter und Pferd gibt es jedoch eine Vielzahl verschiedener Gebisse aus speichelfördernden Kupferlegierungen, Edelstahl, Eisen, Plastik, Gummi oder Leder. Sie wirken unterschiedlich „scharf" auf das Maul und je nach Konstruktion mehr auf Laden, Gaumen oder Zunge. Gebisse mit Anzügen – Pessoa, Pelham und Kandare – wirken zusätzlich auf das Genick und das Kinn.

Das Gebiss muss in Breite und Dicke dem Maul des Pferdes angepasst sein.

Neben der klassischen Zäumung mit Gebiss gibt es eine Vielzahl von gebisslosen Zäumungen, die meist auf die Nase des Pferdes einwirken. Hierzu zählen Bosal, Vosal, Sidepull und viele mehr.

Hilfszügel können Reiter und Pferd (wie es der Name sagt) eine wichtige Hilfe sein, doch immer nur vorübergehend, um ein Problem zu beheben. Für den Dauereinsatz sind sie ungeeignet, denn zu leicht verpufft ihre Wirkung. In der Regel werden sie eingesetzt, um Kopfschlagen oder eine zu hohe Kopfhaltung des Pferdes zu verhindern.

Die Anwendung von Hilfszügeln und ihre richtige Verschnallung ist etwas für Profis. Häufig benutzte Hilfszügel sind das Ringmartingal, Ausbinder, Dreiecks- und Schlaufzügel, Halsverlängerer und Chambon.

Bandagen, Gamaschen und Glocken

Sehnen und Knochen brauchen bei extremer Beanspruchung, aber auch bei Stellungsfehlern der Gliedmaßen besonderen Schutz. Die guten alten Wickelbandagen wurden mittlerweile fast vollständig von Gamaschen aus hochwertigem Kunststoff ersetzt. Sie sind schnell anzulegen, haltbar und leicht zu reinigen. Zum Schutz vor Trittverletzungen des Ballens und des Kronenrandes nimmt man sogenannte Glocken aus Plastik oder Neopren.

Decken und Gamaschen sind keine Luxusartikel, sondern dienen in vielen Fällen der Sicherheit und dem Wohlergehen des Pferdes.

Nicht immer en vogue

Es ist sinnvoll, die Ausrüstung des Pferdes entsprechend der Reitweise zu wählen. Schließlich erfüllt sie in aller Regel deren spezielle Anforderungen. Nichts desto trotz müssen vor allem Sattel, Zäumung und Gebiss den Erfordernissen des Pferdes entsprechen. Vorsicht: Blanke Stangengebisse wie bei der Klassischen Reitweise oder auch Zäumungen wie die Islandkandare gehören nur in Profihände und auf weit ausgebildete Pferde.

Unpassendes Equipment kann zu Unbehagen oder im schlimmsten Fall sogar zu gesundheitlichen Beeinträchtigungen des Pferdes führen. Deshalb ist die Frage, ob die gewählten Ausrüstungsgegenstände in der Szene en vogue sind, untergeordnet.

Vorsicht auch bei sogenannten „One-size-Produkten". Sie passen wirklich nur selten für alle Pferde!

Der richtige Umgang mit dem Pferd

Während sich die Ausbildung des Reiters früher fast ausschließlich auf das Reiten beschränkte, weiß man heute wieder, dass Kenntnisse über die Eigenheiten und den richtigen Umgang mit dem Pferd mindestens ebenso wichtig sind. Unfälle mit Pferden geschehen oftmals gar nicht beim Reiten, sondern sind die Folge von Fehlern beim Anbinden, Führen oder Verladen.

Wichtig!
Unfälle mit Pferden passieren nicht, sie haben eine Ursache.

Viele gefährliche Situationen im Umgang mit Pferden entstehen, weil Menschen nicht daran denken, dass sie es mit einem Fluchttier zu tun haben oder ihr natürliches Verhalten, aber auch Stimmungen nicht richtig einschätzen können. Pferde haben zwar ein großes Blickfeld, trotzdem aber viele tote Winkel, in denen sie nicht erkennen, was unmittelbar vor, hinter oder unter ihnen passiert. Dadurch erschrecken sie leicht. Dem Menschen folgen Pferde nur dann gehorsam, wenn dieser auf sie den Eindruck eines verlässlichen, berechenbaren und mit Führungsqualitäten ausgerüsteten Partners macht, der ihnen Sicherheit bietet. Launisches, hektisches und grobes Verhalten oder gestenreiches Gefuchtel können Pferde ebenso wenig leiden wie Unsicherheit und Angstschweiß in der Nase.

Aber auch Pferde, die das Einmaleins des guten Benehmens nicht gelernt haben, kann der Mensch nur mit Intelligenz und pferdeverständlicher Körpersprache, nie aber mit Kraft überzeugen.

Einfangen, Aufhalftern und Führen

Zum Einfangen geht man ruhig, aber entschlossen von der Seite auf das Pferd zu, ohne ihm direkt in die Augen zu sehen. Bleibt es stehen, lobt man und zieht das Halfter über. Dazu steht man in Blickrichtung parallel zum Pferd und lässt es ins offene Stallhalfter schlüpfen. Nimmt es den Kopf hoch, hält man das Halfter in der linken Hand und holt den Kopf mit der rechten Hand langsam herunter. Anschließend zieht man den Nackenriemen vorsichtig über die Ohren. Dann schließt man die Schnalle.

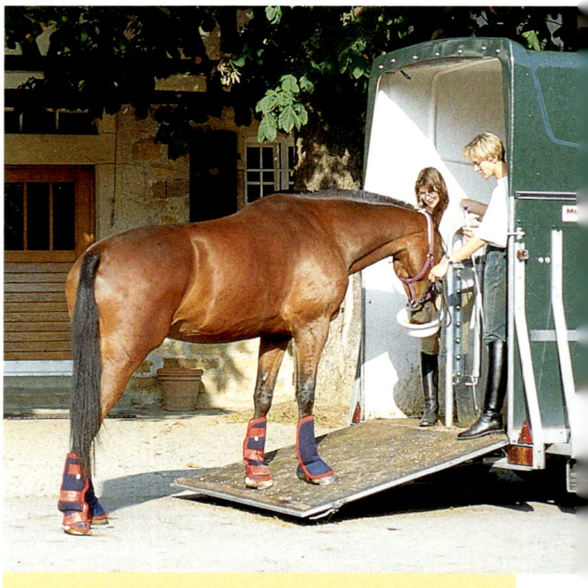

Verladen gehört zum Standardrepertoire eines Pferdes und sollte auch im Notfall jederzeit reibungslos funktionieren.

Fängt man das Pferd aus einer Gruppe, gibt es erst außerhalb der Reichweite von Herdenkollegen ein Leckerli. Schnell findet man sich sonst in einer Meute rauflustiger Naschmäuler wieder, die sich rücksichtslos Zugang zu den Leckereien verschaffen wollen.

So geht ein Sicherheitsknoten: Der Strick wird um den Ring geschlauft. Dann knüpft man mehrere Luftmaschen wie beim Häkeln. Zum Schluss das lose Strickende locker durch die letzte Schlaufe ziehen. Der Strick kann sich so nicht festziehen und jederzeit mit einem Handgriff wieder gelöst werden.

Beim Führen soll das Pferd am lockeren Strick gleichmäßig nebenher laufen. Das Ziehen zu jedem Futtereimer oder Grasbüschel ist ebenso eine Unart wie Betteln und Scharren. Der Führende muss auf Kopf- oder Schulterhöhe des Pferdes zielstrebig vorwärts gehen und sollte ein zögerliches Tier nicht ansehen. Mit der Stimme oder einer Gerte aufmuntern oder bei einem eiligen Pferd an der Schulter bremsen, hilft. Zerrende Pferde werden durch einen kurzen Ruck auf die Nase zurückgepfiffen. Besonders schwierige oder stürmische Pferde können auch mit einer Führkette geführt werden.

Besondere Vorsicht ist beim Führen zur Koppel angesagt. In Erwartung frischen Futters und Bewegung sind Pferde oft sehr ungeduldig. Man stellt das Pferd mit ausreichend Abstand zum Koppelzaun in Richtung Ausgang und löst erst dann den Strick. So kann man sich gefahrlos entfernen, während das Pferd erst wenden muss, um freudig buckelnd davonzuschießen.

Richtig anbinden

Das Pferd wird an einem sicheren Platz an einer festen Stange oder einem Ring in der Mauer – keinesfalls aber an einem beweglichen Gegenstand – auf Brusthöhe angebunden. Ist es nervös, sollte es die Angst machenden Gegenstände oder Vorgänge in seiner Umgebung beobachten können. Meist hilft es, dem Pferd die furchterregenden Dinge aus der Nähe zu zeigen.

Am Anbindeplatz sollte nichts herumliegen, was das Pferd herunterwerfen oder kaputt machen kann oder woran es sich verletzen könnte. Der Anbindestrick ist so kurz, dass das Pferd nicht darüber steigt, den Kopf aber ausreichend bewegen kann. Ein Sicherheitsknoten verhindert, dass das Pferd sich selbst befreit. Der Strick kann im Notfall aber leicht gelöst werden. Anbindestricke mit Panikhaken lassen sich bei Bedarf mit einem Handgriff öffnen.

Aufgepasst beim Führen

Beim Führen darf der Strick nie um einzelne Finger oder die Hand gewickelt werden: Reißt das Pferd sich los, könnte es nämlich Finger brechen oder gar abtrennen. Auch hinterlassen durchgezogene Stricke unter Umständen böse Brandverletzungen in der Hand. Handschuhe bieten einen guten Schutz!

Die Gerte wird beim Führen auf der pferdeabgewandten Seite getragen.

Satteln und Trensen

Bevor es aufs Pferd geht, muss es geputzt, gesattelt und getrenst werden. Ställe, die ihren Reitschülern das Pferd „fix und fertig" hinstellen, nehmen ihnen die Möglichkeit, sich vor der gemeinsamen Stunde gegenseitig zu beschnuppern und kennen zu lernen. Schade, denn schon beim Putzen und Zäumen merken Mensch und Pferd schnell, wie der Partner drauf ist.

Sattel, Decke und Trense sollten schon vor dem Weg zum Pferd geordnet werden. So wird ein Durcheinander der vielen Riemen vermieden.

Schulpferde werden täglich mit den verschiedensten Menschen konfrontiert und genießen eine ruhige Begrüßung, bei der sie erst mal an den Händen schnuppern und ihrem neuen Reiter „Hallo" sagen können. Erst danach zieht man zum Putzen und Satteln das Stallhalfter auf und bindet das Pferd an einem sicheren Platz an.

Satteln: sorgfältig und faltenfrei

Auch zum Satteln ist das Pferd am Halfter angebunden, nie an den Zügeln. Reißt es sich los, kann es sich andernfalls schlimm im Maul verletzen.

Bereits in der Sattelkammer ordnet man das Sattelzeug: Die Bügel werden hochgeschlagen und gesichert, der Gurt übergehängt und die Decke gleich ordentlich in die Kammer gezogen. Auf dem linken Arm wird der Sattel zum Pferd getragen. Der Vorderzwiesel schaut dabei zum linken Ellbogen.

Nun wird der Sattel aufs Pferd gelegt – aber bitte langsam. Über dem Widerrist legt man den Sattel ruhig ab und schiebt ihn zusammen mit der Decke zurück, bis er hinter der Schulter in seine Position rutscht. Ein kurzes Ruckeln, bei dem der Sattel liegen bleibt, zeigt, dass er in der richtigen Lage ist. Noch einmal wird kontrolliert, ob die Satteldecke faltenfrei und gut ausgekammert unter dem Sattel liegt. Nun kann der Gurt geschlos-

Alles von links

Der alten Kavallerietradition folgend, wird immer noch von links gesattelt und getrenst. Schließlich hatten die Offiziere links den Säbel, den sie mit der rechten Hand zogen, nur die linke war frei für andere Arbeiten. Durch ihren Säbel konnten sie später auch nur von links aufsteigen.

Pferde sind Gewohnheitstiere und irritiert, wenn sie von rechts bearbeitet werden. Deshalb sollte man vor allem Schulpferden das Leben nicht zu schwer machen. Allen anderen schadet ein bisschen Abwechslung zum Mitdenken und Gehorsam abrufen aber nicht.

sen werden – aber erst mal nur so fest, dass der Sattel nicht herunterfällt. Wer gleich ins letzte Loch zieht, riskiert Gurtzwang und Verspannung beim Pferd. Vor dem Aufsteigen aber das Nachgurten nicht vergessen! Auch vom Pferd aus kann man noch einmal kontrollieren, ob der Gurt stramm genug sitzt.

Die Bügel können auch gleich auf die passende Länge eingestellt werden: Richtig ist normalerweise eine Armlänge zwischen dem Steigbügelschloss unter dem Sattelblatt und dem langgezogenen Riemen mit Bügel. Dressur- und Gangpferdereiter haben es gern etwas länger. Zur Springstunde oder ins Gelände können die Bügel auch kürzer sein.

Vor dem Losreiten und nach den ersten Runden Schritt das Nachgurten nicht vergessen, sonst kommt es zu einer ungewollten Kurvenlage.

Auftrensen: Ordnung im Riemensalat

Zum Trensen zieht man dem Pferd das geöffnete Halfter über den Hals. So kann es nicht weglaufen und der Kopf ist frei. Die Trensenriemen sortiert man bereits in der Hand. Die Zügel werden über den Pferdehals gelegt. Die rechte Hand hält die Trense an den Backenriemen unterhalb des Stirnriemens. Die Hand liegt über der Pferdenase und hindert den Kopf am Wegziehen. Dazu führt man den rechten Arm unter dem Pferdekopf durch. Die linke Hand schiebt das Gebiss ins Maul. Pferden, die das Maul nicht aufmachen möchten, schiebt man vorsichtig den Daumen in den Maulwinkel und streift

Manches Pferd nutzt das Aufzäumen zu kleinen Spielchen mit seinem Menschen. Mit ein bisschen Routine klappt aber auch das Auftrensen von ausgebufften Schulbetriebs-Profis, die urplötzlich an „Maulsperre" und „Kopfstrecken" leiden, wenn sie ihren Reiter mit der Trense kommen sehen.

über den zahnlosen Teil des Kiefers, in dem das Gebiss später liegt. Nun wird das Genickstück über die Ohren gezogen und der Schopf unter dem Stirnband hervorgeholt.

Die Riemen werden geschlossen. Unter dem Kehlriemen sollte eine aufgestellte Hand Platz finden. Unter den Nasenriemen müssen zwei Finger passen und unter dem Sperrhalfter, das beim kombinierten Reithalfter vor den Trensenringen verläuft, muss noch ein Finger breit Platz sein. Jetzt kann das Stallhalfter abgenommen werden. Fertig für Reitstunde oder Ausritt!

Bodenarbeit

Während der Reitsport in der Vergangenheit fast ausschließlich auf dem Pferd ausgeübt wurde, gehört Bodenarbeit für viele Pferdefreunde heute einfach dazu. Regelmäßige Bodenarbeit ist die Basis für Erziehung und Grundausbildung junger Pferde, aber auch eine beliebte Abwechslung für Reitpferde, Pferdepatienten, gelangweilte Rentner auf der Weide oder zum Kennenlernen eines neuen Pferdes.

Durch Bodenarbeit gelingt es meist viel einfacher, gegenseitiges Vertrauen zu einem Pferd aufzubauen als vom Sattel aus. Sie bietet auch die Chance, die Rangordnung zwischen Pferd und Mensch von Anfang an klarzustellen. Dies ist wichtig, denn was am Boden nicht klappt, macht auch im Sattel Schwierigkeiten. Verletzte Pferde können durch Bodenarbeit während ihrer Reha-Phase unterhalten und im Rahmen ihrer Möglichkeiten mit gymnastischen Dehnungsübungen für Rumpf und Rücken abwechslungsreich bewegt werden.

Viele Reiter begeistern sich auch für zirzensische Übungen und lehren ihre Pferde kleine Kunststücke wie Kompliment, Knien, Abliegen oder Sitzen. Die Lektionen „auf der Erde" zeigen vor allem dominanten Pferden oder jungen Hengsten und Wallachen einen spielerischen Weg zur Unterordnung. Mit der „Schule über der Erde" – zum Beispiel

Bei der Bodenarbeit ganz ohne Zäumung zeigt sich, ob das Pferd seinem Menschen treu folgt und mitarbeitet.

Die Gelassenheitsprüfung (GHP)

2001 hat die Deutsche Reiterliche Vereinigung die Gelassenheitsprüfung initiiert. In zehn Stationen mit Alltagssituationen müssen Pferde vor Richtern Nerven, Gelassenheit, Gehorsam und Kooperationswillen zeigen. Die Bewertung wird in einen Pass eingetragen. Wer ein zuverlässiges Reitpferd kaufen möchte, sollte sich nach einer absolvierten Gelassenheitsprüfung erkundigen.

auf ein Podest klettern oder steigen – kann man dagegen zurückhaltenden oder ängstlichen Pferden zu mehr Selbstvertrauen verhelfen.

Übungen am Boden

Pferd parken

Das geparkte Pferd ist eine Übung, mit der das Tier auch aus der Entfernung sicher kontrolliert werden soll. Sie wird in beinahe jeder Trailprüfung auf Freizeitturnieren gefordert. Der Pferdeführer stellt das Pferd in einem Kreis ab und geht mehrere Meter weg. Dann umrundet er das Pferd. Dieses soll gelassen stehen bleiben und sich nicht nach seinem Menschen umdrehen.

Über die Plane laufen

Viele Pferde gruseln sich vor einem unbekannten Untergrund, Kanaldeckeln oder Regenrinnen im Boden. Die raschelnde Plastikplane ist da eine besondere Herausforderung. Das Pferd wird an die Plane herangeführt, darf sie beschnuppern und soll schließlich zügig darüber gehen. Nach einigen Durchgängen und geduldigem Zureden wird das Pferd vielleicht auch allein auf der Plane stehen bleiben.

Die Fußwaschung

Nicht alle Pferde mögen Wasser. Bei der „Fußwaschung“ stellt der Pferdeführer nacheinander alle vier Beine des Pferdes in gefüllte Wassereimer. Dabei sollte er langsam vorgehen. Das Pferd braucht hierfür viel Vertrauen, schließlich sieht es nicht, was unter seinem Bauch abläuft und spürt nur, wenn es nass und kalt wird.

Stangenarbeit

Hindernisstangen werden als Labyrinth auf den Boden gelegt. Man führt das Pferd zuerst vorwärts durch, später auch rückwärts. Schwieriger als es aussieht, ist es anfangs, ein Pferd zu überzeugen, über den Stangen zu parken – zuerst quer zwischen Vorder- und Hinterbeinen, später längs zwischen linkem und rechtem Beinpaar. Pferde fühlen ungern etwas unter sich und überwinden Hindernisse am Boden gerne zügig oder mit einem beherzten Satz.

Zirzensische Lektionen gymnastizieren und dehnen beanspruchte Körperpartien des Pferdes. Ein Päuschen im Liegen zeigt das Vertrauen.

Die meisten Pferde lieben den Ausblick vom Podest . Wird nun noch zwischen den Vorderbeinen ein Leckerli gefüttert, kann der Rücken sich dehnen.

Das Pferd ist dein Spiegel. Es schmeichelt dir nie. Es spiegelt dein Temperament. Es spiegelt auch deine Schwankungen.
Ärgere dich nie über dein Pferd; du könntest dich ebenso wohl über deinen Spiegel ärgern.

RUDOLF G. BINDING

Longieren

Mit der Longe kann ein Pferd ohne Reitergewicht bewegt werden. Longieren bereitet junge Pferde auf das Reiten vor, lockert Reitpferde oder bewegt kranke Pferde. Longieren stärkt die Rückenmuskulatur, schult die Balance und trainiert den Kreislauf. Damit es über die reine Bewegung hinaus einen gymnastischen Nutzen für das Pferd hat, sollte auch die Ausrüstung stimmen.

Longierausrüstung

Das Pferd bekommt zum Longieren einen Longiergurt mit vielen Ringen auf den Rücken geschnallt. Darunter legt man ein Pad oder eine Satteldecke. Ideal ist ein Kappzaum, in den man die Longe seitlich oder auf dem Ring am Nasenrücken einschnallt. Lediglich in einen Trensenring eingeschnallt kommen die Signale nur unpräzise im Maul an und machen bei grober Einwirkung mehr kaputt, als das Longieren nützt. Hilfszügel werden zwischen Longiergurt und Kappzaum oder einer zusätzlichen Trense eingeschnallt. Sie zeigen dem Pferd den Weg in die Tiefe und tragen so zur Stärkung der Bauch- und Rückenmuskulatur bei. Die Verwendung einer „Longierbrille“, die die Trensenringe unter dem Kinn verbindet, ist lediglich ein Kompromiss. Auf das Longieren nur mit Stallhalfter sollte man ganz verzichten.

Die Arbeit an der Longe ist ein guter Ausgleich zur Arbeit unter dem Sattel. Das Pferd kann sich locker und frei bewegen. Die Arbeit mit Stangen oder Cavalettis animiert es zum verstärkten Untertreten und zum freien Schwingen des Rückens. Dennoch sollte auf die richtige Ausrüstung geachtet werden: lieber ein Kappzaum und Ausbinder als nur Trense oder gar Stallhalfter.

Die Hilfen beim Longieren

Am einfachsten ist das Longieren auf einem Roundpen oder einem abgesteckten Rund. Zum Treiben begibt sich der Longenführer in eine Position hinter der Pferdeschulter. Zum Parieren in eine langsamere Gangart oder zum Anhalten tritt er vor das Pferd.

Longieren ist Übungssache und schnell zeigt sich, wer Chef in der Pferd-Mensch-Beziehung ist. Anfangs werden die Körpersignale deutlicher gegeben und die Longierpeitsche zum Treiben hinter das Pferd, zum Bremsen vor die Pferdebrust gehalten. Parallel zur Körpersprache sollte das Pferd die immer gleichen Stimmkommandos hören.

Wer keinen Longierzirkel zur Verfügung hat, muss zwangsläufig eine einfache Longe zum Spur halten verwenden. Sie wird in sauberen Schlaufen aufgenommen in der einen Hand gehalten, während in der anderen Hand die Peitsche liegt. Achtung: Die Schlaufen dürfen nicht zu lang sein, sonst besteht die Gefahr, dass der Longenführer hineintritt und stürzt.

Über den Kappzaum kann auf das Pferd eingewirkt werden, ohne es im Maul zu stören. Zwischen Trense und Longiergurt wird ein Hilfszügel eingeschnallt.

Übungen an der Longe

Zur wichtigsten Übung gehört die Aufmerksamkeit des Pferdes. Es soll konzentriert mitarbeiten und das innere Ohr seinem „Chef" in der Mitte widmen. Beherrscht es die Stimmsignale für Vorwärts, Haaalt, Sche-ritt, Te-rab, Ga-lopp und á palce (zurück auf die Zirkellinie), kann man nach der Lösephase, die auf der „guten Seite" des Pferdes beginnt, viele Tempoübergänge fordern. Sie dienen der Gymnastizierung, dem Gehorsam und wirken Wunder gegen aufkommende Langeweile. Mit der Longe kann man den Zirkel verkleinern und vergrößern. Häufige Handwechsel gymnastizieren das Pferd gleichmäßig auf beiden Seiten.

Die Longenarbeit sollte nicht länger als 20 bis 25 Minuten (bei jungen Pferde eher noch weniger) dauern, um das Pferd nicht mental zu ermüden.

Stangen oder Cavalettis schulen die Koordinationsfähigkeit des Pferdes und bringen Schwung in verspannte Pferderücken. Erfahrene Longenführer können das Pferd sogar über kleine Hindernisse springen lassen.

Doppellonge – nur etwas für Könner

Noch mehr Möglichkeiten als das gewöhnliche Longieren bietet die Arbeit mit der Doppellonge. Zuvor müssen Pferde jedoch die wichtigsten Stimmsignale kennen gelernt haben. Der Longenführer selbst muss eine feine Hand haben und auch über eine gewisse Übung beim Longieren verfügen.

Die Doppellonge besitzt an beiden Seiten Karabiner zum Einhängen in die Trensenringe und läuft je nach Ziel der Arbeit entweder direkt von der Trense in die Hand oder vom Longiergurt durch die Trensenringe zurück über den Longiergurt in die Hand des Longenführers. Longiert werden kann von der Mitte des Zirkels aus, aber auch bei aufgenommener Longe aus der treibenden Position hinter dem Pferd.

Mit der Doppellonge kann der Profi auch Rückwärtsrichten und Seitengänge erarbeiten. Besonders die Anhänger der Klassischen Reitlehre bedienen sich dieses vielseitigen Instrumentes, das aber besonderes Einfühlungsvermögen und sorgfältigen Umgang erfordert.

Fit aufs Pferd

Nicht nur Pferde brauchen eine ausgedehnte Aufwärm- und Lösephase, auch Reitermuskeln arbeiten viel geschmeidiger, wenn sie gleichmäßig trainiert, gepflegt und vor dem Ritt ordentlich aufgewärmt werden. Wer seinen ganzen Körper in ein paar Minuten auf Betriebstemperatur bringt und die Verspannungen des Alltags abschüttelt, hat mehr Spaß an seinem Sport und kann fit aufs Pferd steigen.

Aufsteigen in der „Normalversion": Zügel und Vorderzwiesel des Sattels sind in der linken Hand. Das linke Bein steigt in den Bügel. Mit einem kräftigen Schwung stößt sich der Reiten nach oben ab und dreht sich weit über dem Sattel, um sanft hinein zu gleiten. Danach werden die Zügel aufgenommen, und wenn der Sattel noch gerade auf dem Pferd liegt, kann es losgehen.

Gerade Anfänger leiden häufig unter höllischem Muskelkater, weil viele der beim Reiten beanspruchten Muskeln völlig untrainiert sind. Wer vor dem Reiten um den Hof joggt, kommt gut in Schwung. Die Muskeln werden warm und mit ein paar einfachen Stretchingübungen gedehnt. Auch Putzen trainiert. Dabei sollten aber beide Arme gleichmäßig eingesetzt werden!

Selbst wenn die Muskulatur sich mit der Zeit den Anforderungen der Reiterei anpasst, ist das Training wie in allen Sportarten viel zu einseitig. Durch tägliche Fitnessübungen, Ballsportarten oder regelmäßige Waldläufe mit Gymnastik findet auch der Reiter den notwendigen Ausgleich.

Das Aufsitzen

Um auf die oft recht stattlichen Vierbeiner zu kommen, bedarf es neben der richtigen Technik oder einer geeigneten Aufstiegshilfe auch eine gute Portion Sprungkraft und Elastizität des Reiters. Aufgesessen wird üblicherweise immer von links. Der Reiter steht mit der linken Schulter zum Pferd und schaut in Richtung des Schweifes. In der linken Hand hält er beide Zügel und die Gerte, dann greift er unter den Vorderzwiesel des Sattels. Er dreht den Steigbügel nach rechts zu sich her, damit er mit dem linken Fuß in Schweifrichtung reinsteigen kann. Ist der Fuß im Bügel, greift er mit der rechten Hand an den hinteren Sattelrand und stößt sich nun kräftig nach oben ab. Das rechte Bein schwingt er weit über das Pferd (ohne die Kruppe zu streifen) und setzt sich vorsichtig in den Sattel. Die Zügel werden rasch aufgenommen, damit das Pferd nicht losläuft, bevor auch der rechte Fuß im Bügel ist.

Bei Pferden mit schlechter Sattellage und wenig Widerrist verrutscht der Sattel bei der gängigen Aufstiegsvariante leicht. Hier eignet sich eine andere Methode besser: Der Reiter steht mit Blickrichtung zum Pferdekopf an dessen linker Schulter. Mit der linken Hand greift er oben an die linke Sattelpausche. In dieser Hand hält er auch Zügel und Gerte. Mit der rechten Hand greift er über das Pferd unter die rechte Sattelpausche. Der linke Fuß ist im Steigbügel. Nun muss sich der Reiter kräftig mit dem rechten Bein nach oben abstoßen, aber bitte ohne gegen den Pferdebauch zu knallen. Das ist zwar nicht ganz einfach, aber Übungssache. Im Schwung nimmt er den Oberkörper leicht nach vorne und schwingt das rechte Bein hinten über die Kruppe. Langsam lässt er sich dann in den Sattel gleiten, fasst bei Bedarf die Zügel nach und setzt den rechten Fuß in den Bügel.

Liegt der Sattel nach dem Aufsteigen noch gerade, kann in Ruhe noch einmal nachgegurtet werden. Dann aber nichts wie los!

Aufsteigen belastet sowohl den Pferderücken als auch den Sattel stark einseitig. Viele Sättel verziehen sich sogar mit der Zeit, wenn die Reiter sich mit wenig Schwung auf das Pferd ziehen. Deshalb ist es für Pferd und Equipment sehr viel schonender, von einem Stuhl oder Hocker aus aufzusteigen. Die Pferde lernen schnell, an Aufstiegshilfen still zustehen.

Das Absitzen

Viel schneller als rauf aufs Pferd geht es nach dem Reiten runter:
Der Reiter geht mit beiden Füßen aus den Bügeln und nimmt wieder beide Zügel und die Gerte in die linke Hand. Dann schwingt er das rechte Bein vorsichtig über die Kruppe des Pferdes auf die linke Seite. Der Oberkörper kippt dazu leicht nach vorne. Sind beide Beine links, lässt er sich langsam aus dem Sattel nach unten gleiten. Dabei hält er das Pferd weiter fest.

Vor dem Führen werden die Bügel an der unteren Riemenhälfte nach oben geschoben und die Riemen anschließend durch die Bügel geschlauft.

Zum Absitzen muss der Reiter beide Beine aus den Steigbügeln nehmen. Lässt er den linken Fuß stehen, läuft er Gefahr hängen zu bleiben, falls das Pferd wieder losläuft. Die Zügel sind beim Absitzen noch leicht angenommen, um das Pferd jederzeit am Loslaufen zu hindern.

Lieber neu satteln als rumrutschen

Rutscht der Sattel beim Aufsteigen stark zur Seite, ist es besser, noch einmal abzusteigen und sorgfältig nachzusatteln. Das Ausrichten von oben kann leicht zu Satteldruck führen, weil Fell, Decke und Sattel sich gegeneinander verschieben und Falten entstehen. Auch kann sich der Sattel durch eine stark einseitige Belastung mit der Zeit verziehen und dadurch die Polsterung ungleichmäßig platt gesessenen werden.

Der Weg zum sicheren Sitz

So groß die Vorfreude auf die erste Reitstunde ist, so groß ist bei den meisten Anfängern auch das Kribbeln im Bauch. Man steht vor dem Pferd und auf einmal ist es ganz schön hoch! Doch keine Angst, mit den ersten Reitstunden an der Longe kann man sich schnell in die Bewegung des Pferdes einfühlen und ohne Angst und Verkrampfung zu einem guten, zügelunabhängigen Sitz finden.

Die ersten Stunden an der Longe

Ob Longenstunde oder nicht hängt ganz von der Lehrmethode und dem Reitschüler ab. Wer sich's zutraut und ein gutes Körpergefühl hat, kommt vielleicht auch ohne aus. An der Longe ist das Pferd unter der Kontrolle des Reitlehrers. Der Reitschüler kann sich ganz auf die Bewegungen des Pferdes einlassen und Takt und Rhythmus der Gangarten spüren lernen. So verliert er schnell die anfängliche Unsicherheit.

Im Schritt fühlt man mit offenen oder geschlossen Augen, welches Bein gerade abfußt. Im Trab darf der Reitschüler sich anfangs noch getrost festhalten – in der Mähne, am Sattel oder aber an einem „Maria-hilf-Riemchen". Er lernt Aussitzen und die ersten Schritte leichtzutraben. Schon bald kann er eine oder beide Hände loslassen. Viele Reiter wagen auch die ersten Runden im Galopp an der Longe.

Auch routinierte Reiter kehren immer mal wieder an die Longe zurück, um mit gezielten Übungen eingeschlichene Sitzfehler korrigieren zu lassen. Die Lehrlinge der Wiener Hofreitschule erhalten immerhin ein ganzes Jahr Unterricht an der Longe, bevor sie im normalen Trainingsbetrieb auf die Pferde „losgelassen" werden!

Am Anfang gar nicht einfach, alles unter Kontrolle zu halten und trotzdem locker zu bleiben. Der Fußballen liegt auf dem Steigbügel. Die Fersen bilden den tiefsten Punkt.

Die Hände aufrecht und der Daumen zu einem Dach gebogen. So bleiben die Zügel fest in der Hand.

Bis ein Reiter in allen Gangarten sicher sitzt, vergeht einige Zeit. Also nicht verzweifeln, wenn es anfangs immer wieder wackelt oder nicht ganz perfekt ausschaut. Der korrekte Sitz auf dem Pferd erfordert viel Koordination. Sitzübungen an der Longe sind auch fortgeschrittenen Reitern immer wieder eine Hilfe.

Der Dressursitz

Das Erlernen und Erfühlen des richtigen Sitzes erfordert Zeit und Übung. Der Reitersitz ist dabei keine statische Haltung, sondern ein dynamisches System, in dem viele Körperteile mit unterschiedlichen Aufgaben und kleinste Bewegungen zu einem Gleichgewicht auf dem Pferd führen.

Beim Dressur- oder Vollsitz bilden Kopf, Gesäß und Fersen eine gedachte senkrechte Linie. Der Reiter trägt den Kopf aufrecht und sieht stets in die Richtung, in die er reitet. Der Rumpf ist aufrecht, der Brustkorb gedehnt und die Schultern locker, wie bei einer Marionette mit leicht gespannten Fäden. Die Arme hängen an der Seite herab. Der Ellbogen liegt am Körper. Der Unterarm bildet die Verlängerung des Zügels. Das Becken ist aufrecht und die Hüfte schwingt in der Bewegung mit.

Der Reiter belastet gleichmäßig beide Sitzbeinhöcker. Oberschenkel und Knie liegen flach am Sattelblatt. Die Innenseite der Unterschenkel liegt geschmeidig am Pferdebauch. Die Fersen bilden den tiefsten Punkt. Dabei sollen sie nicht aktiv nach unten gedrückt werden, sondern locker in den Bügeln mitschwingen. Die Fußspitzen sind nach vorne gerichtet.

Keine Angst vor Stürzen

Die größte Angst des Reiters ist die vor dem Sturz. Das lässt ihn manchmal sogar vergessen zu atmen. Dabei verspannt sich die Muskulatur — und das zuerst in Rumpf und Gesäß, den wichtigsten Muskelgruppen für einen guten Sitz. Das Gesäß hebt sich aus dem Sattel, die Beine klemmen, der Reiter kann der Pferdebewegung nicht mehr folgen und verliert das Gleichgewicht.

Die Hände werden aufrecht vor dem Bauch gehalten. Der Zügel läuft zwischen kleinem und Ringfinger nach oben und verlässt die Hand zwischen Zeigefinger und Daumen. Der Daumen bildet ein „Dach“.

Sitzfehler

Beim so genannten Stuhlsitz streckt der Reiter die Füße weit nach vorne und sitzt hinter den Sitzbeinhöckern. So kommt er hinter die Bewegung und stört das Pferd im Takt.

Beim Spaltsitz ist es umgekehrt: Der Reiter sitzt auf dem Schambein oder Spalt. Die Beine liegen zu weit hinten und der Oberkörper kippt nach vorne. So kann der Reiter nicht in der Bewegung mitschwingen und klammert mit den Oberschenkeln.

Ein guter Reiter hat einen denkenden Verstand, ist einfühlsam und hat eine gefühlvolle Hand.

TU YU 72 V. CHRISTUS

Hilfen – einfach und wirkungsvoll

Die Reiterhilfen sind Kommandos, mit der das Pferd beschleunigt, gebremst und gelenkt wird. Sie entstehen durch die gemeinsame Einwirkung von Reitergewicht, Hand und Bein. Das harmonische und feine Zusammenspiel verschiedener Körperteile und damit der Hilfen in der Balance mit der Pferdebewegung ist eine echte Herausforderung und führt am Anfang zu manchem Missverständnis mit dem Pferd.

Vom Kreuz mit dem Kreuz – Gewichtshilfen

„Kreuz anspannen" hört man in vielen Reitstunden, und manchen Reitern bleibt die Anweisung Zeit ihres Reiterlebens suspekt. Das Kreuz ist schließlich die knöcherne Konstruktion aus Wirbelsäule und Becken. Es kann sich als Gelenk gar nicht anspannen! Gemeint ist vielmehr das Aufrichten des Beckens – so, als wollte man einen Gymnastikball zum Rollen bringen. Sitzt man gerade, wirkt das Gewicht gleichmäßig beidseitig. Dreht man dagegen den Oberkörper, beispielsweise beim Durchreiten einer Ecke, kommt trotz weiterhin aufrechtem Sitz mehr Gewicht auf den inneren Gesäßknochen und die Hilfe wirkt einseitig. Einseitige Gewichtshilfen benötigt man für Biegungen, Seitengänge oder zum Galoppieren. Abhängig von der Einwirkung der Schenkel- und Zügelhilfen wirken Gewichtshilfen treibend, verwahrend oder entlastend.

Das Becken des Reiters ist der Dreh- und Angelpunkt für den richtigen Sitz und damit auch für die Gewichtshilfen. Es ist ein Kommunikationsmittel, um dem Pferd mitzuteilen, was man von ihm möchte. Dabei spielt das Gleichgewicht zwischen Reiter- und Pferdekörper die wichtigste Rolle. Mit der Zeit lernt der Reiter, die Gewichtshilfen fein dosiert einseitig oder beidseitig zu geben.

Schenkelhilfen

Schenkel ruhig halten, ja wie denn? Fällt das Bein locker aus der Hüfte und liegt der Oberschenkel flach am Sattel, ist es in der Regel ruhig genug. Mit Schenkelhilfen kann der Reiter vorwärts oder seitwärts treiben aber auch verwahren. Der vorwärts treibende Schenkel liegt am Gurt, der seitwärts treibende Schenkel am oder knapp hinter dem Gurt. Der Reiter treibt beidseitig, wenn er geradeaus reiten möchte, einseitig, wenn er das Pferd zum Seitwärtstreten auffordert. Der verwahrende Schenkel liegt eine Handbreit hinter dem Gurt und bietet der äußeren Hinterhand eine Grenze, damit das Pferd auf gebogenen Linien in der Spur bleibt.

Fehlerhafte Schenkelhilfen sind das Pressen oder Klammern mit dem Oberschenkel. Der Sitz wird durch das verspannte Gesäß wackelig. Auch das Hochziehen der Fersen ist falsch: Das Knie verliert den Kontakt zum Sattel. Kommen die Schenkelhilfen nicht durch, überzeugt man das Pferd besser mit einem Gertenklaps.

Zügelhilfen

Die Zügelhilfen entstehen durch eine gleichmäßige, gefühlvolle Verbindung mit dem Pferdemaul. Mit durchhängenden Zügeln kann man keine Zügelhilfen geben. Annehmende Zügelhilfen gibt man bei Paraden oder zum Wechsel in eine langsamere Gangart durch Eindrehen der Hände. Nachgebende Zügelhilfen sind beim Anreiten oder beim Wechsel in eine schnellere Gangart durch leichtes Vorgehen mit der Hand angesagt. Bei durchhaltenden Zügelhilfen bleiben die Hände passiv stehen, während Kreuz und Schenkel treiben. Zügelhilfen können einseitig oder beidseitig wirken. Voraussetzung für feine Zügelhilfen ist ein sicherer und ausbalancierter Sitz.

Zwei Körper im Gleichgewicht

Gewichts-, Schenkel- und Zügelhilfen werden nie allein eingesetzt, sondern spielen immer zusammen. Bei allen Lektionen ist es Ziel, das gemeinsame Gleichgewicht von Reiter und Pferd zu finden und die Schwerpunkte der beiden Körper übereinander zu setzen. Der Reiter agiert, das Pferd reagiert. Dabei sind Becken und Schulter von Reiter und Pferd parallel.

Das gelingt, wenn man sich die Aufgaben der Hilfen noch einmal bewusst macht: Kreuz und Becken des Reiters kontrollieren das Becken des Pferdes. Die Reiterschenkel kontrollieren den Vorwärtsschub und die Seitwärtsbewegungen der Hinterbeine. Die Zügel kontrollieren die Schultern des Pferdes und halten es mit dem Gewicht zusammen in der gewünschten Spur. Das Gebiss fängt lediglich den Schub von hinten wieder ab.

Für die Schenkelhilfen liegt die Innenseite des Schenkels immer locker am Pferdebauch. Drücken, Klopfen oder Bohren mit Ferse und Sporen sind Fehler. Für eine feine Zügelhilfe ist die Handhaltung wichtig. Am meisten Handlungsspielraum geben korrekt aufrecht vor dem Bauch getragenen Hände.

Die Gangarten

Die Gangarten und ihre Verteilung sind bei den heutigen Pferderassen das Ergebnis jahrhundertelanger Zucht. Ursprünglich hatten alle Wildpferde das gesamte Gangrepertoire in ihren Genen. Kutsche und Kavallerie forderten aber in gleichem Tempo laufende Pferde. So wurden in Europa Dreigänger gezüchtet. In Asien und Südamerika schätzt man dagegen die bequemen Gänge von Tölt und Pass.

Reiten im Schritt

Der Schritt ist die langsamste Gangart und ein gleichmäßiger Viertakt, bei dem immer zwei oder drei Beine gleichzeitig Bodenkontakt haben. Zuerst fußen das Hinterbein, danach das Vorderbein einer Seite ab, anschließend in gleicher Reihenfolge die Beine der anderen Seite. Im Schritt sucht das Pferd Nahrung.

Während Schritt die beliebteste Gangart bei Reitanfängern ist, weil das Pferd sie dabei ruhig durch die Bahn trägt, fürchten erfahrene Turnierreiter ihn. Es nämlich gar nicht so einfach, ihn vor kritischen Richteraugen im richtigen Tempo, in guter Haltung und mit Ausdruck zu reiten. Das Anreiten im Schritt erfolgt, indem der Reiter sein „Kreuz anspannt" und mit den Unterschenkeln einen kurzen Impuls gibt. Die Hand gibt nach. Das Pferd setzt sich mit einer fließenden Rücken-

In keiner Gangart werden fehlerhafte Reiterhilfen schneller sichtbar als im Schritt. Allzuleicht wird das Pferd hier im Bewegungsfluss gestört: Der Schritt wird eilig oder schleppend, mit Taktfehlern zum Pass oder Trab. Deshalb fürchten auch Dressurprofis den Schritt in Prüfungen.

Gutes Töltreiten erfordert einen ruhigen Sitz und viel Gefühl, um vor allem mit dem Kreuz auf feinste Taktverschiebungen reagieren zu können und das Pferd zum Untertreten zu animieren.

bewegung in Gang. Die Reiterbeine berühren den Pferdebauch abwechselnd links und rechts, abhängig davon, welches Hinterbein gerade abfußt. Läuft das Pferd fleißig, wird nicht aktiv weitergetrieben. Hände und Unterarme gehen bei konstanter Zügellänge in der leichten Nickbewegung des Pferdes mit.

Ein guter Schritt ist fleißig. Die Hinterbeine treten über die Spur der Vorderbeine nach vorne. Das Pferd gibt im Genick nach und trägt den Kopf in der Senkrechten. Schlurft das Pferd träge, muntert man es durch Treiben mit Kreuz, Schenkeln und einem Impuls mit der Gerte auf. Das ist besser als ständiges Klopfen am Bauch. Eilt das Pferd im Schritt, bremst man es durch halbe Paraden.

Schritt wird zu Beginn und Ende einer Reitstunde mit langem Zügel geritten, um das Pferd aufzuwärmen oder zu entspannen. Während der Stunde dient der Schritt dem Reiten verschiedener Lektionen, aber auch als Entspannungsphase zwischendurch. Im Gelände ist der Schritt die Hauptgangart, vor allem auf längeren Strecken.

Schritttempi: Versammelter Schritt, Mittelschritt.

Reiten in Tölt und Pass

Tölt ist ein Viertakt mit derselben Fußfolge wie der Schritt. Es haben jeweils nur ein oder zwei Beine gleichzeitig Bodenkontakt. Ohne Schwebephase ist er für den Reiter sehr bequem. Der Tölt kann vom langsamen Tempo bis zum Renntölt geritten werden. Dabei kann es zu (unerwünschten) Taktverschiebungen in Richtung der Zweitakte Trab und Pass, aber auch in Richtung zum Dreitakt (Galopp) kommen. Nur wenige Gangpferde gehen in allen Tempi wirklich taktklaren Viertakttölt.

So vielfältig wie die Gangveranlagung der Pferde, so variantenreich sind auch die Taktstörungen. Schon deshalb gibt es „die" Tölthilfe wie in den Grundgangarten nicht. Da im Tölt jedoch die Tragkraft eine größere Bedeutung spielt als die Schubkraft im freien Trab und Galopp, zielen alle Hilfen zum taktklaren Tölt immer auf eine verstärkte Lastaufnahme der Hinterhand ab.

Nur das Islandpferd und amerikanische Passer gehen Rennpass. Der Pass ist ein deutlich zum Zweitakt verschobener Viertakt mit Schwebephase. Dabei bewegen sich die Beinpaare einer Seite gleichzeitig, also lateral, nach vorne. Das Hinterbein fußt Sekundenbruchteile vor dem Vorderbein auf. Die Pferde werden in der Regel aus dem Galopp in den Pass „gelegt".

Rennpass ist etwas für Profis. Die Pferde müssen dazu eine gute Ausbildung haben, außerdem die nötige körperliche und geistige Reife, denn die Anforderungen sind hoch. Der Weltrekord auf 250 Meter Distanz liegt bei 21,10 Sekunden!

Im Trab bewegt sich immer das diagonale Beinpaar nach vorne (li.). Dazwischen liegt eine Schwebephase (re.). Pferde zeigen in dieser Gangart auch mal Imponiergehabe, was nicht nur für Pferdegenossen ein äußerst beeindruckender Anblick ist.

Leichttraben ist Entspannung für den Rücken. Der Oberkörper bleibt aufrecht, um nicht vor oder hinter die Pferdebewegung zu geraten.

Reiten im Trab

Der Trab bildet den Galopp aus und bereitet den Schritt vor.
(GRUNDSATZ DES DRESSURREITENS)

Der Trab ist eine Gangart im mittleren Tempo und ein Zweitakt mit Schwebephase. Die diagonalen Beinpaare fußen dabei abwechselnd ab. Dazwischen liegt die Schwebephase. Der Dressurreiter variiert im Trab zwischen Piaffe und starkem Trab. Traben ist meist die erste Bewährungsprobe für die Sattelfestigkeit des Reitanfängers. Durch die Schwebephase und das gleichzeitige Auffußen zweier Beine wird der ungeübte Reiter aus dem Sattel gehoben und fällt unsanft wieder zurück. Wer schnell lernt, im Auf und Ab des Trabs auch in die leichte Vorwärtsbewegung hineinzusitzen, wird schon bald viel Spaß dabei haben.

Angetrabt wird meist aus dem Schritt, später auch aus dem Stand. Mit einer halben Parade macht der Reiter das Pferd auf die bevorstehende Aufgabe aufmerksam. Er spannt das Kreuz an und treibt gleichseitig mit den Schenkeln am Gurt. Die Hand gibt leicht nach. Sind Reiter und Pferd entspannt, sind die Bewegungen für beide schwungvoll und angenehm. Besonders Anfängern fällt es aber schwer, die Muskulatur loszulassen. Das Pferd reagiert mit Anspannen der Rückenmuskulatur und wird unbequem. Was hilft: immer wieder tief ausatmen. Das löst die Reitermuskulatur, vor allem im Gesäß.

Leichttraben

Um den Pferderücken zu entlasten, kann man leichttraben. Der Reiter lässt sich im Takt leicht aus dem Sattel heben. Das erfolgt in der Bahn immer, wenn das innere Hinterbein abfußt. Wer's noch nicht spürt, kann sich auch an der äußeren Schulter orientieren, die sich zeitgleich nach vorne bewegt. Der Oberkörper bleibt aufrecht und der Bauch schiebt sich im Takt zwischen den Händen durch.

Trabtempi: Versammelter Trab, Arbeitstrab, Mitteltrab, starker Trab.

Leichtraben ist in der Lösephase zu Beginn einer Reitstunde, aber auch zwischendurch zum Lockern der Pferdemuskulatur angesagt. Auch im Gelände wird der Reiter meist leichttraben. Auf langen, geraden Strecken sollte er dabei immer wieder den „Fuß wechseln", das heißt zwischendurch einen Schritt aussitzen. So wird eine einseitige Belastung des Pferdes vermieden.

Reiten im Galopp

Der Galopp ist ein gesprungener Dreitakt mit schaukelnder Bewegung. Abhängig davon, welches diagonale Beinpaar sich bewegt und welches Vorderbein weiter ausgreift, unterscheidet man zwischen Rechts- und Linksgalopp. Pferde, die fliehen, galoppieren.

Mit Spannung und Kribbeln im Bauch erwarten viele Reitschüler ihren ersten Galopp. Doch meist dauert es nicht lange und sie freuen sich auf die schnellste und nach dem Schritt bequemste Gangart.

In der Bahn reitet man Handgalopp, das heißt auf der „rechten Hand" (im Uhrzeigersinn) einen Rechtsgalopp, auf der „linken Hand" den Linksgalopp. Dazu muss das Pferd leicht nach innen gestellt sein: Der Reiter sieht das innere Auge und den Nüsternrand. Geht das Pferd im „Außengalopp", also genau andersherum als erwünscht, pariert man durch und versucht es erneut.

Zum Angaloppieren treibt der innere Schenkel. Der äußere liegt verwahrend eine Hand breit hinter dem Gurt und sorgt dafür, dass das Pferd dem Druck des treibenden Schenkels nicht nach außen hin weicht, sondern nach vorne anspringt. Durch die korrekte Haltung der Beine findet das Gesäß automatisch die richtige Lage und das Gewicht verlagert sich leicht auf den inneren Gesäßknochen. Die innere Hand gibt weich nach und macht dem Pferd die innere Schulter zum korrekten Angaloppieren frei.

Geschafft! Das innere Bein treibt und der Reiter geht entspannt mit dem Becken in der schaukelnden Pferdebewegung mit.

Galopptempi: Versammelter Galopp, Arbeitsgalopp, Mittelgalopp, starker Galopp, Renngalopp.

Flucht, Lebensfreude oder Rennen: Der Galopp ist die schnellste Gangart. Pferde können dabei gut 60 km/h, auf kurzen Distanzen auch schneller werden.

Der leichte Sitz

Im Gelände oder zum Springen reitet man Galopp im leichten Sitz. Die Steigbügel sind dazu kürzer eingestellt. Im leichten Sitz hebt der Reiter den Po ein wenig nach hinten aus dem Sattel und neigt den Oberkörper leicht nach vorne. Die Steigbügel übernehmen das Reitergewicht, Knie und Oberschenkel stabilisieren den Reiter. Die Hände kann man leicht am Mähnenkamm aufstützen. Der innere Schenkel treibt weiterhin am Gurt, der äußere verwahrt. Mit einem so entlasteten Rücken kann das Pferd locker springen, während der Reiter kaum Erschütterungen spürt.

Stellung, Biegung und Paraden

Lenken, treiben und bremsen gehört zum kleinen Einmaleins des Reitens. Stellung, Biegung und Paraden sind die Grundelemente für alle Gangartenwechsel, Anreiten, Anhalten und spätere Lektionen und werden häufig gefordert. Gut also zu wissen, was sich hinter diesen Begriffen verbirgt. Besonderes Augenmerk in der Ausbildung des Reiters gilt ihrer feinen und korrekten Ausführung.

Das Pferd ist so einhändig veranlagt wie wir Menschen. Diese natürliche Schiefe erkennt der Reiter, wenn er hinter seinem Vierbeiner herläuft. Die Hufe fußen nicht sauber hintereinander in zwei Spuren, sondern leicht versetzt in drei. Das liegt daran, dass die Rückenmuskulatur des Pferdes auf einer Seite leicht verkürzt, auf der anderen gedehnt ist. Ohne gymnastizierende Dressurarbeit führt die Einhändigkeit zu einer einseitigen Belastung der Muskulatur. Das Pferd bekommt Verspannungen, wie Menschen, die den ganzen Tag in einseitiger Haltung arbeiten oder schwer heben. Rückenschmerzen und Gelenkverschleiß sind die Folge.

Biegung

Damit Pferde gerade in der Spur laufen, müssen sie auf beiden Seiten gleichmäßig gelockert werden. Das erfolgt durch viele gebogene Linien, auf denen eine korrekte Biegung „um den inneren Schenkel“ des Reiters erfolgt. Der Reiter nimmt den Drehsitz ein: Das innere Bein treibt am Gurt. Der äußere Schenkel kontrolliert verwahrend die Hinterhand eine Handbreit hinter dem Gurt. Dabei sind Reiter- und Pferdebecken sowie Reiter- und Pferdeschulter parallel. Der Reiter treibt mit dem inneren Schenkel in eine konstante

Zum Anhalten bedarf es einer ganzen Parade. Für einen kurzen Bremsweg muss das Pferd durch halbe Paraden rechtzeitig auf die neue Aufgabe vorbreitet werden und an den Hilfen stehen. Die ganze Parade funktioniert wie eine Stotterbremse aus mehreren halben Paraden. Je durchlässiger das Pferd ist, umso weniger davon benötigt der Reiter zum Anhalten.

Durch Reiten auf gebogenen Linien wird die Rumpfmuskulatur des Pferdes gleichmäßig auf beiden Seiten gedehnt und das Pferd löst sich.

Stellung

Um das Pferdegenick zu lockern, wird das Pferd „gestellt". Der Reiter nimmt den Zügel auf einer Seite so weit auf, dass er den Schimmer des Augapfels und den äußeren Nüsternrand sehen kann. Der andere Zügel gibt dann um die gleiche Länge nach.

Das Pferd biegt jetzt gleichmäßig den Hals zwischen dem Genick und der Schulter. Dabei soll es vorwärts-abwärts den Kontakt zum Zügel suchen und kauen.

Verbindung mit dem äußeren Zügel. Der äußere Zügel kontrolliert die äußere Schulter und sorgt dafür, dass das Pferd nicht über diese wegläuft. Der innere Zügel sorgt für die korrekte Innenstellung und gibt zur Kontrolle (ob die Biegung korrekt aus dem Becken heraus geritten ist) immer wieder nach.

Halbe und ganze Paraden

Bei einer halben Parade „schließt" der Reiter das Pferd zwischen treibenden Gewichts- und Schenkelhilfen sowie annehmenden Zügelhilfen ein. Die Zügelhilfen können ein- oder beidseitig erfolgen.

Mit halben Paraden wechselt der Reiter die Gangart, reguliert das Tempo innerhalb einer Gangart oder bereitet das Pferd auf eine neue Aufgabe vor: Eine halbe Parade kann also auch „Hallo, wir machen gleich etwas Neues", heißen. Sobald das Pferd reagiert, indem es beispielsweise das Ohr am einseitig angenommenen Zügel zum Reiter dreht, gibt dieser mit dem Zügel nach und leitet die neue Aufgabe ein. Ignoriert das Pferd die Parade, wird sie wiederholt. Feine, „durchlässige" Pferde reagieren schneller und gehorsamer als ein abgestumpftes oder „mit allen Wassern gewaschenes" Schulpferd.

Bei einer ganzen Parade gibt der Reiter in kurzem Abstand hintereinander mehrere halbe Paraden. Man kann sich das wie eine Stotterbremse oder das ABS des Autos vorstellen. Ganze Paraden werden zum Anhalten aus jeder beliebigen Gangart gegeben. Reagiert ein Pferd nicht auf die halben Paraden, kann es auch mal in eine durchhaltende Zügelhilfe hineingetrieben werden. Sobald das Pferd aber steht, wird es mit einem nachgebendem Zügel belohnt.

Ganze Paraden übt der Reiter anfangs aus dem Schritt, später aus dem Trab. Um aus dem Galopp anhalten zu können, muss man schon recht fortgeschritten sein. Auch ein junges Pferd wird anfangs Probleme haben, aus schnelleren Gangarten in kurzer Distanz anzuhalten. Ihm fehlt es dazu noch am nötigen Gleichgewicht. Am Anfang wird dem Pferd die korrekte Ausführung vor allem auf dem schwächeren Hinterbein schwer fallen.

Merke:

Paraden sind eine Kombination aus Gewichts-, Schenkel- und Zügelhilfen, mit denen Reiter und Pferd sich verständigen.

Hufschlagfiguren und Bahnregeln

Des rechten Weges stets bewusst sollten sich all die sein, die eine Reithalle oder den Reitplatz mit Mit(st)reitern teilen. Schließlich ist es beim Reiten wie im Straßenverkehr: Ohne Regeln gibt es Zusammenstöße. Die Bahnregeln haben in allen Hallen und auf jedem Turnierplatz Gültigkeit. Wer die Bahnordnung einmal verinnerlicht hat, ist auch im Getümmel stressfrei unterwegs.

Bevor es richtig losgeht, müssen Reiter und Pferd erst mal in die Bahn kommen. Gar nicht einfach, wenn das Tor nach innen aufgeht, damit kein Pferd entwischen kann, und wenn von links und rechts die Mitreiter in allen Gangarten am Eingang vorbei kommen. Der Ruf „Tür frei!“ signalisiert, dass jemand in die Halle möchte. Nach der Antwort „Tür ist frei!“ kann man zügig mit seinem Pferd eintreten, auf der Mittellinie nachgurten und aufsteigen. Allerdings ist es den Reitkameraden nur höflich gegenüber, wenn man nicht allzu lange mit letzten „Wartungsarbeiten“ die Bahn blockiert. Die Zirkelpunkte, allen voran das X in der Bahnmitte, sollte man freilassen, um niemanden zu behindern.

Vom Reiten auf Händen

Wenn es um Bahnregeln geht, sitzen Reiter nicht mehr auf ihrem Hintern, sondern reiten auf einmal auf Händen. Dabei hat die linke Hand immer Vorrang. Im Klartext: Wer gegen den Urzeigersinn auf dem ersten Hufschlag (ganz außen an der Bande) unterwegs ist, dessen linke Hand also zur Bahnmitte schaut, darf in seiner Spur bleiben. Entgegenkommende Reiter – auf der rechten Hand – müssen auf den zweiten Hufschlag, zwei Pferde breit entfernt, ausweichen.

Auch die langsameren Reiter weichen denen in schnelleren Gangarten auf den

1

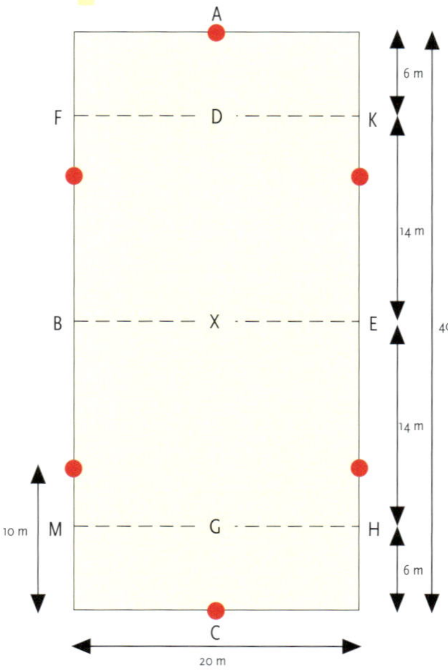

2

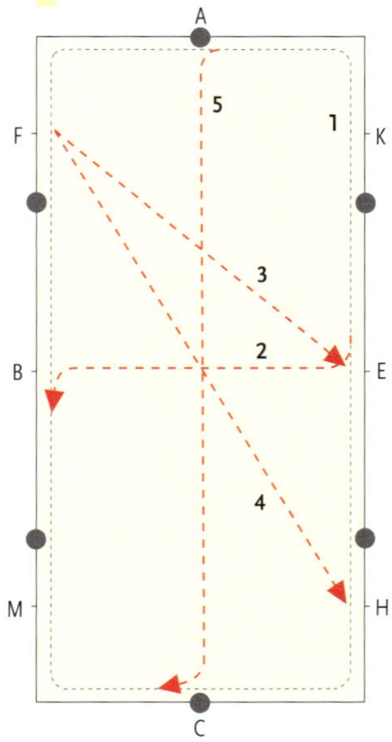

3

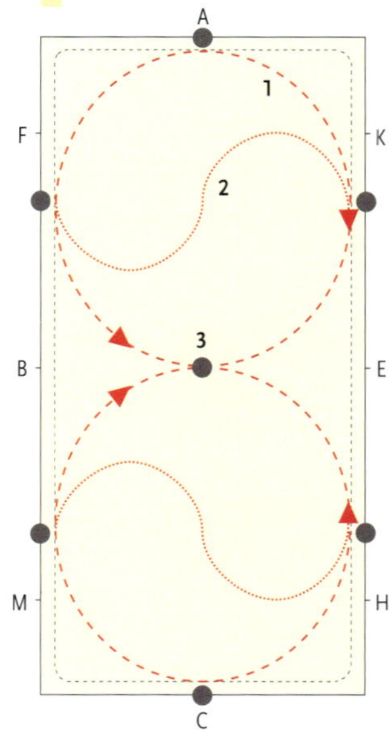

inneren Hufschlag aus. Wer im Schritt zwischen anderen Mitreitern umherreitet, gehört auf die „Kriechspur“, muss also so weit nach innen ausweichen, dass ein ungehinderter Gegenverkehr auf den beiden äußeren Hufschlägen möglich ist. Dabei sollte man aber auch Reiter auf den Zirkeln nicht behindern, sondern am besten gleich auf den zweiten Hufschlag des Zirkels ausweichen.

Wenn es doch einmal eng wird, heißt es, Rücksicht nehmen und um der Gesundheit der Pferde willen auch mal freiwillig bremsen und ausweichen. Beim Reiten gilt wie beim Autofahren: vorausschauend handeln. Der erfahrene Reiter kann abschätzen, welchen Weg seine Mitreiter nehmen werden und auch unsicheren Kandidaten sicher ausweichen.

Hintereinander Reitende müssen immer mindestens eine ganze Pferdelänge Abstand zum Vordermann einhalten. Für ganze Paraden zum Anhalten geht der Reiter auf den zweiten Hufschlag. In der Reitbahn sollte Ruhe herrschen, um allen eine konzentrierte Arbeit zu ermöglichen.

Auf den Punkt geritten – die Hufschlagfiguren

Reitplätze gibt es üblicherweise in den Maßen 20 m x 40 m, Dressurplätze sind meist 20 m x 60 m groß. Sie sind mit Bahnpunkten versehen, an denen der Reiter sich für die verschiedenen Hufschlagfiguren orientieren kann. Eine Eselsbrücke für die Bahnpunkte einer kleinen Bahn lautet: **A**lte **K**ühe **E**ssen **H**eu, **C**älber **M**ögen **B**esseres **F**utter.

Hufschlagfiguren:

1 Bahnpunkte eines 20 x 40 m Platzes

2 (1)Ganze Bahn: entlang der Bande um die gesamte Bahn reiten;
(2) Halbe Bahn: entlang der Bande, bei E oder B zum gegenüberliegenden Bahnpunkt abbiegen;
(3) Durch die halbe Bahn wechseln: nach der zweiten Ecke der kurzen Seite abwenden und in einer Diagonalen zur Mitte der gegenüberliegenden langen Seite reiten;
(4) Durch die ganze Bahn wechseln: nach der zweiten Ecke der kurzen Seite abwenden und in einer Diagonalen zur gegenüberliegenden Ecke reiten;
(5) Durch die Länge der Bahn wechseln: von der Mitte der kurzen Seite zur Mitte der gegenüberliegenden kurzen Seite reiten.

3 (1) Auf dem Zirkel geritten: einen Kreis zwischen den Zirkelpunkten reiten; an diesen muss das Pferd jeweils parallel zur Bande stehen;
(2) Durch den Zirkel wechseln: nach dem Zirkelpunkt an der langen Seite in einer geschwungenen Linie in die Zirkelmitte steuern, auf die andere Hand wechseln;
(3) Aus dem Zirkel wechseln: auf dem Zirkel reiten und am Wechselpunkt X in der Bahnmitte auf den anderen Zirkel und damit die Hand wechseln.

4 (1) Einfache Schlangenlinie: vom Zirkelpunkt bis zum mittleren Bahnpunkt B oder E 5 Meter ins Bahninnere und wieder hinaus reiten;
(2) Doppelte Schlangenlinie: vom Zirkelpunkt zwei gleichmäßige Bögen jeweils 2,5 Meter ins Bahninnere und wieder hinaus reiten.

5 Schlangenlinie in fünf Bögen: die Bögen gleichmäßig auf die Bahnlänge verteilen, man kommt auf der gleichen Hand wieder an.

6 (1) Volte reiten
(2) Aus der Ecke kehrt

4

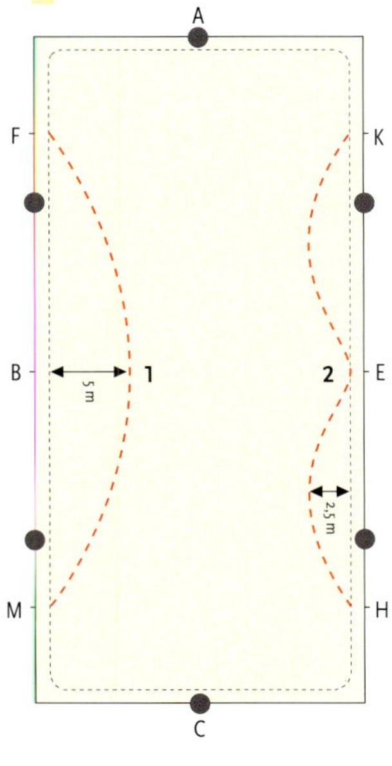

5

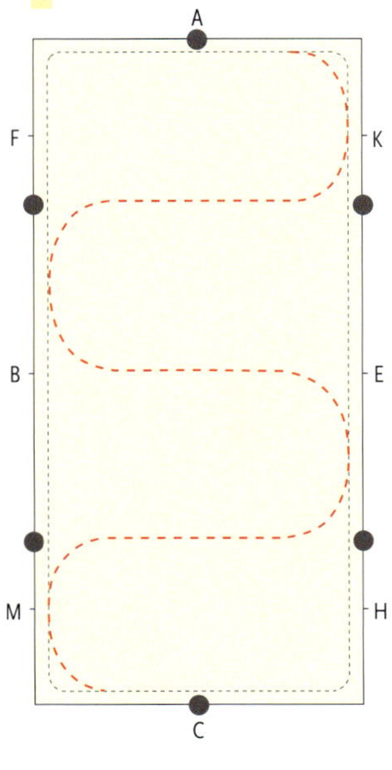

6

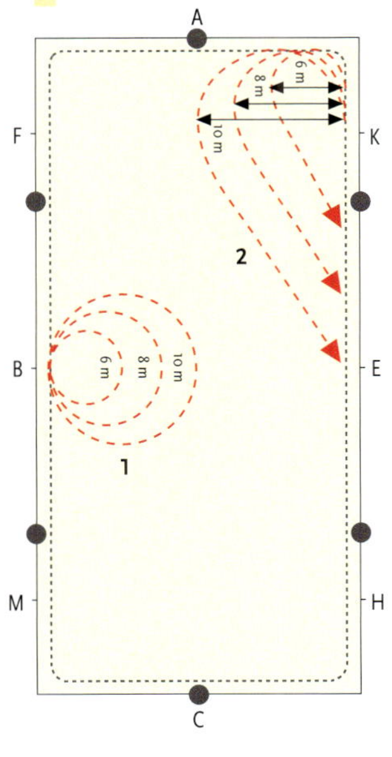

Einfache Lektionen

Es ist so weit: Der Reitschüler sitzt sicher und ausbalanciert auf dem Pferd, kann beliebig die Grundgangarten wählen, bremsen und unabhängig von seinen Mitreitern verschiedene Hufschlagfiguren reiten. Es wird Zeit für neue Herausforderungen im Sattel. Vor den ersten Lektionen steht jedoch immer die Löse- und Aufwärmphase des Pferdes. Sie soll es locker, geschmeidig und aufmerksam machen.

Am Anfang jeder Trainingsstunde stehen lösende Übungen, mit denen die Muskulatur des Pferdes gelockert wird. Auch die Gelenke werden vor allem bei Boxenpferden erst mal richtig „geschmiert". Stangenarbeit oder lockeres Vorwärtsreiten in allen Gangarten fördert auch die Aufmerksamkeit.

Lösende Übungen

Pferde müssen wie alle Sportler vor Höchstleistungen ihre Muskeln aufwärmen, sonst drohen vorzeitige Ermüdung, Überlastung, schmerzhafter Muskelkater oder sogar Verletzungen. Sie verlieren langfristig den Spaß an der Arbeit, sind dauerhaft verspannt, zäh zu reiten und unmotiviert. Lösende Übungen sind das Pflichtprogramm für Reiter und Pferd, um Gleichgewicht, Takt und Losgelassenheit zu finden.

Zu Beginn stehen ein paar Runden im fleißigen Schritt am langen Zügel auf großen gebogenen Linien mit vielen Handwechseln. Später folgen Leichttraben und Galopp.

Auch Gangartenwechsel — Schritt-Trab-Schritt- und Trab-Galopp-Trab-Übergänge auf dem Zirkel — gehören zu den lösenden Übungen. Sie machen das Pferd durch die Paraden aufmerksam und tragen zur größeren Lastaufnahme der Hinterhand bei.

Locker werden Pferde durch Abwechslung: Viele Handwechsel, Zirkel vergrößern und verkleinern, einfache Schlangenlinien oder Schlangenlinien durch die ganze Bahn machen das Pferd auf beiden Seiten geschmeidig. Dabei sollte man die biegenden Übungen immer auf der „besseren" Seite des Pferdes beginnen. Wer kann, sollte in der Lösephase ruhig Stangen und Cavalettis einbauen. Das Pferd findet dabei sein Gleichgewicht, tritt gut unter und läuft fleißiger.

Schenkelweichen

Das Schenkelweichen übt man zuerst in der Halle oder auf dem Platz, denn die Bande leistet zu Beginn wertvolle Dienste. Wenn die Lektion mal sitzt, kann man sie auch im Gelände entlang von Wegrändern reiten.

Zum Schenkelweichen eignen sich die langen Seiten der Bahn. Nach Durchreiten der zweiten Ecke der kurzen Seite geht man auf den zweiten Hufschlag, damit das Pferd ausreichend Platz vor dem Kopf hat. Nun wird es mit dem Kopf zur Bande gestellt und – aufgepasst, jetzt wird's kompliziert: War die Bandenseite des Pferdes bislang „außen", dann ist dies jetzt die innere Seite – wegen der Stellung! Seitwärts getrieben wird nun mit dem inneren Schenkel – dem auf der Bandenseite – am Gurt. Der äußere Zügel wirkt verwahrend und sorgt dafür, dass das Pferd nicht über die äußere Schulter (die Schulter, die Richtung Bahninneres schaut) wegläuft. Auch der äußere Schenkel liegt verwahrend eine Handbreit hinter dem Gurt. Er gewährleistet, dass die Hinterhand dem seitwärtstreibenden Schenkel nicht nur seitlich ausweicht, sondern auch nach vorne tritt.

Liegen die Schenkel des Reiters korrekt und sitzt er noch immer gerade, ohne Knick in der Hüfte, stimmen die Gewichtshilfen automatisch. Das Pferd sollte maximal im 45-Grad-Winkel zur Bande stehen, damit es noch gut vorwärts treten kann. Jetzt muss der Reiter nur noch gleichmäßig im Takt treiben und abfangen. Langsam und gleichmäßig ist dabei generell besser als übereilt und mit Stockungen.

Wer die Hilfen beim Schenkelweichen sicher im Griff hat, versucht es einmal mit der Übung Viereck-Vergrößern und -Verkleinern. Von der Bande wird das Pferd seitwärts in Richtung Mittellinie geritten und wieder zurück zur Bande.

Vorhandwendung

Die Vorhandwendung erfolgt aus dem Stehen. Dazu wird das Pferd auf dem zweiten Hufschlag angehalten. Ziel ist eine Wendung um 180 Grad und damit ein Handwechsel. Der Reiter stellt das Pferd wieder zur Bande hin und aus außen wird innen! Der innere Schenkel treibt am Gurt wieder seitwärts. Der äußere Schenkel liegt verwahrend eine Handbreit hinter dem Gurt und fängt jeden Schritt der Hinterhand ab. Wenn der Reiter nicht in der Hüfte einknickt, ist das Gewicht automatisch auch nach links verlagert. Der äußere Zügel wirkt verwahrend und verhindert, dass das Pferd über die äußere Schulter wegläuft.

Wichtig ist auch hier wieder die ruhige Ausführung. Schritt für Schritt dreht sich das Pferd um 180 Grad um den inneren Vorderfuß auf die neue Hand.

Die flüssige Ausführung ist wichtig für die korrekte Vorhandwendung. Jeder Tritt wird mit dem äußeren Schenkel leicht abgefangen. Zwischen den einzelnen Tritten dürfen kurze {!} Pausen liegen. Das ist besser, als um die Vorhand herumzueilen und dabei nach vorne oder hinten auszufallen oder die Schulterkontrolle zu verlieren.

Lektionen für Fortgeschrittene

Während in den vorangegangen Lektionen noch keine großen Biegungen verlangt waren, zeigt sich jetzt, wer gut sitzt und sein Pferd mit dem Gewicht korrekt um den Schenkel biegen kann. Auch beim Rückwärtsrichten ist wie bei allen weiteren anspruchsvolleren Lektionen jetzt Feinabstimmung gefragt. Wildem Zügelziehen und Schenkeldrücken wird sich das Pferd widersetzen.

Loben: Motivation für das Pferd

Lob ist die wichtigste und wirkungsvollste Hilfe in der Zusammenarbeit mit dem Pferd. Sie ist Dank und Motivation zugleich, die Aufgabe beim nächsten Mal ebenso gut oder noch besser zu machen. Durch Loben signalisiert man dem Pferd, dass die Aufgabe richtig gelöst wurde und festigt diese im Gedächtnis des Tieres.

Wichtig: Das Lob muss unmittelbar auf die richtige Ausführung erfolgen. Schon wenige Sekunden später kann es das gegenwartsbezogene Pferd sonst nicht mehr der zugehörigen Situation zuordnen.

Das wirkungsvollste Lob erfolgt durch Futter. Vor allem beim Erlernen neuer Lektionen ist dies zusammen mit dem Stimmlob sehr effektiv. Aber auch das Streicheln am Hals oder auf der Stirn (bei Bodenarbeit) nimmt das Pferd dankbar an.

Schulterherein

Das Schulterherein ist eine gute gymnastizierende Übung für das Pferd, denn die Rumpfmuskulatur wird gedehnt und das Pferd muss stärker unter den Schwerpunkt treten. Damit ist ein erster Schritt zur Versammlung getan. Der Reiter lernt bei dieser Lektion, durch seine Hilfen die natürliche Schiefe des Pferdes aktiv zu beeinflussen. Im Unterschied zum Schenkelweichen ist das Pferd nun aber durch den ganzen Körper gebogen.

Wer sich hinter ein Pferd stellt, das korrekt Schulterherein geht, wird sehen, dass es nun auf drei Spuren läuft. In die erste, innere, fußt der innere Vorderhuf, daneben fußen in einer Spur der innere Hinterhuf und der äußere Vorderhuf. Ganz außen kommt der äußere Hinterhuf.

Und so geht's: Zu Beginn ist es leichter, das Schulterherein aus einer korrekt gerittenen Ecke einzuleiten. Das Pferd hat Anlehnung am äußeren Zügel, ist mit dem inneren Zügel gestellt und biegt sich geschmeidig um den inneren treibenden Schenkel. Diese Biegung nimmt der Reiter nun aus der Ecke mit auf die Gerade. Der innere Schenkel treibt weiter, der äußere Schenkel liegt verwahrend eine Handbreit hinter dem Gurt. Das Gewicht wirkt wieder innen stärker Der äußere Zügel kontrolliert die Schulter, die nach innen kommen soll. Wirkt der äußere Zügel zu schwach und der innere Zügel zu stark, gibt das Pferd die Biegung auf, wird im Rumpf gerade und läuft auf dem Hufschlag über die Schulter weg. Dann wendet der Reiter einfach wieder auf eine Volte ab und stellt die korrekte Biegung erneut her, bevor er zum Schulterherein zurück auf den Hufschlag reitet.

Auch für Geländepferde ist Schulterherein eine gute Schule und Wege zum Üben gibt es überall.

Gar nicht so einfach ist das Schulterherein. Hier zeigt sich schnell, wie viel der Biegung des Pferdes aus dem Sitz des Reiters kommt. Läuft das Pferd über die Schulter weg, hilft es, eine Volte zu reiten und von Neuem zu beginnen.

Rückwärtsrichten

Reiten kann man nicht nur vorwärts. Es geht auch rückwärts. In Dressurprüfungen ist Rückwärtsrichten gefragt und korrekt geritten manchmal gar nicht so einfach.

Rückwärtsrichten ist eine versammelnde Übung. Die Hinterbeine des Pferdes kommen unter den Schwerpunkt. Manchmal ist die Lektion aber auch ein disziplinarisches Mittel für Pferde, die unkonzentriert sind und sich lieber den spannenden Dingen jenseits der Bahn widmen. Ihre Aufmerksamkeit holt man sich durch Rückwärtsrichten zurück.

So gehts: Die Lektion beginnt aus dem Halten. Am Anfang ist die Bande eine hilfreiche Stütze, damit das Pferd geradeaus rückwärts läuft. Der Reiter sitzt gerade und nimmt die Zügel an. Dazu treibt er leicht und entlastet den Pferderücken ein wenig. Nun sollte das Pferd willig Schritt für Schritt rückwärts treten. Bei der korrekten Ausführung bewegen sich die diagonalen Beinpaare gleichmäßig im Wechsel. Bricht das Pferd mit der Hinterhand seitlich aus, gibt der Reiter entweder keine gleichmäßigen Zügelhilfen auf beiden Seiten oder belastet den Rücken einseitig mit Gewicht.

Rückwärtsrichten ist für das Pferd sehr anstrengend. Deshalb sollten es immer nur wenige Schritte in korrekter Ausführung sein, die man am Stück von ihm fordert. Nicht vergessen: Loben motiviert!

Schenkelweichen kann auch einmal zur Bahninnenseite erfolgen. Wer es sich zutraut, kann das Pferd sogar entlang der Mittellinie Schenkel weichen lassen. Später wird die Übung auch im Schulterherein klappen.

Gerade rückwärtsrichten ist weniger einfach, als es aussieht. Besser geht es an der Bande entlang, denn zu viele Kontrollblicke führen zu ungleichen Hilfen – und das Pferd läuft erst recht schräg.

Spielerische Lektionen

Neben den klassischen Dressurlektionen gibt es eine Vielzahl von Übungen, die Reiter und Pferd nicht weniger Spaß machen und dazu Körpergefühl, Rittigkeit und Geschicklichkeit schulen. Für die meisten benötigt man lediglich ein paar Stangen, Pylonen oder einen freiwilligen Fußgänger. Fast alle dieser Übungen können auch Reiter machen, die keinen Reitplatz zur Verfügung haben – eine Wiese reicht aus.

Fang den Stier

Reiter, die vor allem auf gebogenen Linien Schwierigkeiten haben, korrekt zu sitzen und immer wieder vergessen, dahin zu sehen, wohin sie reiten, haben mit „Fang den Stier" eine gute Übung. Ein Freiwilliger geht oder läuft willkürlich in der Bahn umher wie ein ausgerissener Stier. Dabei wechselt er immer wieder die Richtung. Der Reiter soll ihn fangen! Dazu muss er schon zwangsläufig seinen Blick der „Beute" zuwenden und wird Beine und Gewichtshilfen automatisch in die richtige Position legen. Fortgeschrittene können für die Übung auch mal die Zügel in eine Hand nehmen, um zu prüfen, wie viel ihrer Lenkarbeit durch die wichtigen Gewichts- und Schenkelhilfen erfolgt.

Die Bremsstange

Auf den Punkt anhalten ist gar nicht so einfach. Eine schöne Übung ist hier die „Bremsstange", zeigt sie doch gleich, wie rittig das Pferd ist. Eine Stange wird an beliebiger Stelle in die Bahn gelegt und die Reiter gehen zuerst im Schritt darüber. Nun müssen sie direkt vor der Stange anhalten, je

Trail-Hindernisse sind für viele Pferde anfangs eine echte Herausforderung, die erst mal auch zu Fuß bewältigt werden dürfen.

Die meisten Trail-Aufgaben sind Hindernissen in der Natur nachempfunden. Hat das Pferd Vertrauen, sind sie schnell überwunden.

Hilfen klein und fein

Bei der Bewältigung aller Lektionen – ob im Dressurviereck oder im Trailparcours – ist das Ziel immer die leichte und fein dosierte Hilfengebung. Es geht nie darum, die Aufgabe „irgendwie“ zu bewältigen, sondern ruhig, überlegt und harmonisch mit dem Pferd zusammenzuwirken. Zeit lassen ist deshalb oberstes Gebot, vor allem am Anfang, wenn der Reiter, vielleicht aber auch ein junges Pferd etwas Neues lernt. Und wenn die Aufgabe bewältigt ist, muss das Pferd ausgiebig gelobt werden – mit der Stimme, einer streichelnden Hand oder bei besonderer Leistung auch mal mit einem Leckerli von oben, das es sich an den Fußspitzen des Reiters abholen darf. Es wird sich gerne daran erinnern, wie viel Spaß die Übung gemacht hat.

kürzer der Abstand dazu, umso besser. In der nächsten Stufe lassen sie das Pferd noch mit den Vorderbeinen über die Stange treten und halten an. Das ist schon schwieriger, denn Pferde haben es nicht gern, wenn Hindernisse unter ihnen liegen, die sie nicht sehen können. Da ist auch Vertrauen gefragt. Und nun wird's anspruchsvoll. Was im Schritt noch recht einfach war, erfolgt jetzt im Trab. Hier heißt es, das Pferd ordentlich an den Hilfen zu haben und vor der Stange rechtzeitig durch halbe Paraden auf die anstehende „Präzisionslandung“ aufmerksam zu machen. Wieder wird erst vor der Stange, später über der Stange angehalten.

Mit der Bremsstange können auch Seitengänge geübt werden. Das Pferd steht mit den Vorderbeinen bereits über der Stange und soll nun seitwärts treten. Wichtig ist es, das Pferd weiter über der Stange zu halten, so dass es sich weder nach vorne noch nach hinten entzieht.

Eine der schwierigsten Übungen ist das Längsparken über der Stange. Den meisten Pferden ist es nämlich besonders unangenehm, eine Stange der Länge nach zwischen den Beinen zu haben. Ausprobieren lohnt sich aber. Wer es schafft, ist nicht nur ein geschickter Reiter, sondern darf sich auch einer dicken Portion Vertrauen seines Pferdes sicher sein.

Stangenlabyrinth

Eine beliebte Übung in Trail-Prüfungen ist das Stangenlabyrinth. Hierfür benötigt man sechs Stangen, die im rechten Winkel zueinander liegen. Jetzt heißt es, ins Labyrinth hineinzureiten und am anderen Ende zu halten. Danach geht's im Rückwärtsrichten wieder zurück.

Während das Rückwärtsrichten bislang meist geradeaus an der Bande entlang gefordert war, muss der Reiter jetzt geschickt um die Kurve lenken. Dazu treibt er nun nicht mehr beidseitig, sondern einseitig: Um rückwärts nach links abzubiegen, reitet er im Labyrinth erst geradeaus bis zum Knick der Stangen, nimmt den rechten Zügel etwas an und treibt mit dem rechten Schenkel am oder kurz hinter dem Gurt. Das linke Bein wirkt diesmal nicht verwahrend eine Hand breit hinter dem Gurt, sondern bleibt in Normalposition und lässt die Hinterhand herumtreten. Um zu sehen, wohin er reitet, kann der Reiter sich hin und wieder umdrehen oder auch mal unten an den Stangen orientieren. Dies sollte aber immer in kleinen Pausen erfolgen, denn anders würde man den Sitz für die richtigen Hilfen verlieren und das Pferd unsortiert aus dem Labyrinth laufen.

Wir wollen dafür Sorge tragen, dass wir das Jungpferd nicht verdrießen und ihm seine freundliche Anmut nicht vertreiben – denn diese gleicht dem Blütenduft, der niemals wiederkehrt, wenn er einmal verflogen ist.

ANTOINE DE PLUVINEL

Stangen bieten die vielfältigsten Möglichkeiten für Übungen in allen Gangarten und erfordern eine feine Abstimmung zwischen Reiter und Pferd.

Die Skala der Ausbildung

Die „Skala der Ausbildung“ ist ein spezieller Lehrplan für Pferde. Takt, Losgelassenheit, Anlehnung, Schwung, Geraderichten und Versammlung sind die Säulen, die in ihrer Reihenfolge nicht vertauscht werden dürfen. Die Kriterien müssen von jedem Pferd, unabhängig von seinem späteren Verwendungszweck, nach und nach erfüllt werden, wenn es zwanglos und harmonisch auf Hilfen reagieren soll.

Ziel der Dressurausbildung ist nicht das Abrufen von Lektionen und Kunststücken unter dem Sattel, sondern die Gymnastizierung des Pferdes, um es gesund und leistungsfähig zu erhalten. Daraus entwickelt sich die Fähigkeit, später auch schwierige Lektionen in scheinbarer Leichtigkeit zu bewältigen. Auch der Ablauf von Trainingsstunden sollte nach diesem Schema erfolgen.

Takt und Losgelassenheit

Unter dem Takt versteht der Ausbilder das Gleichmaß der Bewegungen. Das Pferd kann in freier Haltung sein Gleichgewicht finden und sich gleichmäßig und locker mit geringem Kraftverbrauch bewegen. Taktfehler sind ein Hinweis auf körperliche und seelische Verspannungen des Pferdes.

Unter Losgelassenheit versteht man einen ausgeglichenen körperlichen und seelischen Zustand des Pferdes. Es ist in der Lage, seine Muskeln gleichmäßig und kraftvoll an- und wieder zu entspannen. Die Hinterhand tritt aktiv unter das Pferd und die Wirbelsäule kann sich strecken. Das Pferd dehnt seinen Hals in allen Gangarten nach vorwärts-abwärts und geht mit schwingendem Rücken vorwärts, ohne jedoch zu eilen. Es hat ein ausgeglichenes Gemüt und der Reiter kommt zum Treiben.

Takt und Losgelassenheit sind Zeichen eines entspannten, angst- und schmerzfrei gehenden Pferdes und das Ziel der Lösephase.

Für die korrekte Anlehnung tritt das Pferd aus der Hinterhand an den Zügel heran. Die Hand des Reiters fängt dabei lediglich den Schub ab.

Anlehnung und Schwung

Anlehnung ist die weiche Verbindung von Pferdemaul und Zügelhand. Sie erfordert viel Vertrauen zum Reiter. Spätestens auf dieser Stufe, in der sich die Schubkraft des Pferdes entwickeln soll, bekommen unerfahrene Reiter besonders auf jungen Pferden erste ernsthafte Probleme.

Erst nach Erreichen der korrekten Anlehnung kann das Pferd wirklich Schwung entwickeln – es ist auf Level IV der Ausbildungsskala angekommen. Bei gleich bleibendem Takt verlängert sich die Sprungphase in Trab und Galopp. Trab- und Galoppverstärkungen werden bei Dressurprüfungen erst in höheren Klassen gefordert.

Geraderichten und Versammlung

Jetzt wird's richtig schwierig für Reiter und Pferd: Die Beine einer Seite von Vor- und Hinterhand müssen nun auf einer Linie laufen. Für das Geraderichten hat der Reiter das Pferd bereits in den Vorstufen lange und gründlich gymnastiziert, um die natürliche Schiefe des Pferdes nach und nach zu korrigieren. Nun muss auch das Hinterbein der schwächeren Seite vermehrt Last aufnehmen und unter den Schwerpunkt treten. Das Pferd ist bei der Entwicklung der Tragkraft angekommen.

Entwicklungsphasen und Ausbildungsschritte der Skala der Ausbildung

	Gewöhnungsphase (1–3)	1. TAKT	gering
Entwicklung der Schubkraft (2–5)		2. LOSGELASSENHEIT	
		3. ANLEHNUNG	
	Entwicklung der Tragkraft (4–6)	4. SCHWUNG	Durchlässigkeit
		5. GERADERICHTEN	
		6. VERSAMMLUNG	hoch

Ab hier sind manchem Vierbeiner aufgrund seines Körperbaus aber auch Grenzen gesetzt.

Mit der vermehrten Lastaufnahme ist das Pferd nun auf der höchsten Stufe der Ausbildungsskala angelangt. Für die Versammlung tritt das Pferd noch deutlicher unter und biegt hierzu die Hanken. Das sind alle Gelenke der Hinterhand, vom Becken bis zum Fesselgelenk. Aber nur die wenigsten Pferde erreichen diese Stufe. Die Meister ihres Faches zeigen jetzt Piaffe, Passage oder die beindruckende Schule über der Erde: Levade, Courbette und Kapriole.

Die Ausbildungsskala hat sich über die Jahre bewährt. Sie gilt nicht nur für Dressurreiter, sondern für alle Reitweisen. Letztlich hält sie das Reitpferd gesund.

Wenn man ein Pferd zur Haltung bringt, die es selbst annimmt, wenn es am schönsten sein will, so macht man, dass das Pferd des Reitens froh und prächtig, stolz und sehenswert erscheint.

XENOPHON

Ein gerade gerichtetes Pferd setzt seine Muskulatur auf beiden Händen gleichmäßig ein. Fehlbelastungen werden vermieden.

Die Versammlung ist das höchste Ziel in der Pferdeausbildung. Es nimmt verstärkt Last mit der Hinterhand auf und tritt unter den Schwerpunkt.

Springreiten

Das Springreiten ist bei vielen sportlichen Reitern sehr beliebt. Doch auch diejenigen, die Pferde lieber vom Boden aus genießen, lassen sich vom Mut der Reiter, dem Tempo und der Sprunggewalt der Pferde mitreißen. Springen erfordert ein gutes Körpergefühl und einen sicheren Sitz im Galopp. Keine Angst vor Tempo und Höhe ist die beste Voraussetzung, um erfolgreich dabei zu sein.

In der Grundausbildung des Reiters sollte die Bewältigung kleiner Sprünge einen festen Platz haben, denn Springgymnastik ist für Pferde gut und auch das Überwinden kleiner Hindernisse im Gelände macht Spaß. Zum Springenlernen gehört ein routiniertes Pferd, das auch einen wankelmütigen Schüler gehorsam über die ersten Hindernisse trägt. Zu Beginn steht jedoch das Überwinden von Stangen und Cavalettis im Trab und Galopp. Hierfür sollte der Reiter die Grundgangarten beherrschen und auch im leichten Sitz sicher auf das Pferd einwirken. Zu den wichtigsten Übungen gehört das Zulegen und Einfangen des Galopptempos, um mit der Zeit selbstständig den optimalen Absprungspunkt zu treffen. Hinzu kommen enge Wendungen und einfache Galoppwechsel.

Niedrig fängt an, wer später hoch hinaus will. Am Anfang steht die Schulung des Gefühls für Distanzen, Absprung und Bewegung über dem Hindernis.

Der Springsitz

Zum Springen schnallt der Reiter die Steigbügel um zwei bis drei Löcher kürzer als normal. So kann er fester in die Bügel treten und sich stabilisieren, denn er muss sein Gleichgewicht vor, während und nach dem Sprung finden und dazu Tempo- und Richtungswechsel bewältigen. Doch nach und nach gelingt das immer besser! Mit dem Absprung verlagert der Reiter seinen Schwerpunkt in der Bewegung des Pferdes ein wenig nach vorne, um den Pferderücken zu entlasten. Dazu nimmt er den Oberkörper

Mit dem Herz voran

Zum Springen immer in die Richtung blicken, in die man reitet. Auch im Sprung vorausschauen und nicht nach unten auf das Hindernis. Und wenn die Stangen klappern oder fallen: beherzt weiterreiten, nicht nach hinten sehen! Überhaupt ist Zuversicht und Mut das Wichtigste beim Springen. Wer zögerlich an das Hindernis heranreitet, verunsichert sein Pferd. Schließlich möchte es nicht alleine springen oder seinen Reiter verlieren. Ein verunsichertes Pferd wird möglicherweise verweigern oder zur Seite ausbrechen.

leicht vornüber. Gleichzeitig gibt er dem Pferd mehr Kopffreiheit durch nachgebende Zügelhände, die am Hals nach vorne gehen. Halt findet der Reiter durch sein Gewicht in den Steigbügeln und den am Sattelblatt anliegenden Knie und Waden. Bei den ersten Springversuchen kann sich der Reiter noch mit einer Hand in der Mähne festhalten.

Bevor es hoch hinausgeht, werden Balance und Rhythmusgefühl durch verschiedene Übungen geschult: Auf einem sprungsicheren und zuverlässigen Pferd streckt der Reiter über dem Sprung erst einen Arm zur Seite, später vielleicht sogar beide, während die Zügel auf dem Pferdehals liegen. Sehr schnell bekommt er damit ein sicheres Gefühl für das Gleichgewicht bei Absprung, Flug und sanfter Landung.

Der erste Parcours

Bevor der Springschüler einen ganzen Parcours durchreitet, übt er, einzelne Hindernisse zu überwinden. Am Anfang steht meist ein kleiner Kreuzsprung entlang der Bande. Auf der Innenseite ist eine Fangstange aufgebaut, die verhindert, dass das Pferd am Hindernis vorbeiläuft. Je nach Pferdegröße liegt vor dem Hindernis noch ein Absprungstange am Boden, die Reiter und Pferd zur besten Sprungdistanz verhilft. Mit zunehmender Sicherheit werden die Sprünge höher und dem ersten Hindernis folgen weitere in einer Reihe. Es dauert nicht mehr lange und der Reiter überwindet kleine Steilsprünge, Oxer oder Tripelbarren.

Hat der Reiter das Gefühl für die Pferdebewegung über kleinen Hindernissen verinnerlicht, sind auch höhere Hürden kein Problem mehr. Nun geht es daran, einen Parcours zu springen und sich die Galoppsprünge zwischen den Hindernisse gut einzuteilen.

Reiten im Gelände

Viele Reiter, die kein Interesse am sportlichen Wettkampf haben, sehen im Reiten in der Natur – alleine oder mit Gleichgesinnten – den Gipfel allen Reiterglücks. Doch anders als in der geschützten Umgebung von Halle oder Bahn erfordert die Natur mit ihren Reizen, einem anspruchsvollen Geländeprofil und so manchen Hindernissen viel Geschicklichkeit und Harmonie von Reiter und Pferd.

Für viele Reiter der größte Genuss: das Reiten mit Gleichgesinnten in der freien Natur. Besonders wichtig ist im Gelände der sichere Sitz, denn viele Reize strömen auf das Fluchttier Pferd ein, die es in der sicheren Umgebung des Hofes oder in der Reithalle nicht gibt.

Natur achten

Im Gelände müssen Reiter und Pferd sich auf die Natur einstellen. Das bedeutet, rücksichtsvoll mit der Tier- und Pflanzenwelt umzugehen, auf Wegen zu bleiben und nicht querfeldein über Äcker und Wiesen zu galoppieren. Besonders im Spätsommer locken gelbe Stoppelfelder für kleine Wettrennen. Doch nach langer Trockenheit bergen sie die Gefahr, dass das Pferd sich ein Eisen abtritt oder in ein Mauseloch gerät und sich möglicherweise verletzt. Daher muss der Reiter im Gelände den Untergrund mit besonderer Sorgfalt taxieren.

Die Natur nutzen auch Spaziergänger, Radler und Jogger. Gegenseitige Rücksicht ist deshalb ein Muss im Gelände. Reiter sollten Mitmenschen im Schritt passieren und nicht in hohem Tempo aufreiten. Gleiches gilt für die Begegnung mit fremden Reitern. Ein freundliches „Hallo“ lässt den Eindruck, auf dem „hohen Ross“ zu sitzen, schwinden.

Um auf der Straße zu reiten, sollten die Pferde verkehrssicher sein und unerschrocken herannahenden Fahrzeugen begegnen. Nervöse und ängstliche Pferde werden zur Sicherheit geführt.

Bergauf – bergab

Hügeliges oder bergiges Gelände erfordert vom Reiter besonderes Geschick, um das Pferd nicht zu ermüden. Beim Bergaufreiten nimmt der Reiter das Gesäß leicht aus dem Sattel, verlagert das Gewicht ein wenig nach vorne und gibt dem Pferd mehr Zügel. So entlastet er Rücken- und Hinterhandmuskulatur, wo der „Motor" des Pferdes sitzt. An steilen Anstiegen wählen viele Pferde von sich aus Trab oder Galopp, um mit Schwung nach oben zu kommen.

Bergab wird die Vorhand entlastet, die bei jedem Schritt das Gewicht von Reiter und Pferd abfedern muss. Der Reiter bleibt aufrecht und verlagert das Gewicht eher bremsend auf die Hinterhand. Kommt das Pferd zu sehr auf die Vorhand, kann es leicht stolpern oder stürzen.

Steile Auf- und Abstiege werden in der Falllinie geritten. Versucht das Pferd quer zum Hang hinauf- oder hinabzuklettern, kommt es leicht aus der Balance.

Geländereiten in der Gruppe

Viele Geländereiter lieben die Geselligkeit in der Gruppe. Damit das Miteinander gut funktioniert, gelten auch hier wie in der Reitbahn feste Regeln. Die wichtigste ist die Rücksicht auf den schwächsten Teilnehmer: Unsichere Reiter oder junge Pferde bestimmen das Tempo. Im Straßenverkehr ist besondere Disziplin gefordert, damit alle heil ans Ziel kommen.

In einer größeren Gruppe übernimmt ein erfahrener, weg- oder kartenkundiger Reiter auf einem sicheren Pferd die Führung. Meist können zwei Reiter nebeneinander reiten. Zum Vordermann gilt mindestens eine Pferdelänge Abstand. Diese benötigt man, wenn Gegenverkehr kommt und die Reiter sich zügig „zu einem" hintereinander einreihen. Wird in einer schnelleren Gangart als Schritt geritten, braucht man den Abstand für den Bremsweg bei unvorhergesehenen Hindernissen oder Gegenverkehr. Unverträgliche und schlagende Pferde werden mit einer roten Schleife im Schweif für andere kenntlich gemacht. Diese Pferde sollten besser am Ende einer Gruppe geritten oder der Abstand zu ihnen vergrößert werden.

In Gruppen müssen Kommandos oder Warnungen vor anderen Verkehrsteilnehmern laut und deutlich weitergegeben werden. Wichtig ist es auch, im Gruppentempo mitzureiten, nicht trödeln und dann aufzutraben. Das macht die vorausreitenden Pferde nervös und ärgert die Schlussreiter, die ihre Pferde ständig zurückhalten müssen.

Im Straßenverkehr werden Pferde wie Fahrzeuge behandelt und müssen die Fahrbahn entsprechend benutzen. Bei Dunkelheit müssen Reiter und Pferd beleuchtet sein. Hierfür eigenen sich Stiefellampen sowie Westen und Gamaschen aus reflektierendem Material. In der Gruppe muss der vordere Reiter eine weiße, der letzte eine rote Lampe haben.

Mit dem Pferd unterwegs

Tagesritte oder vielleicht sogar mehrtägige Wanderritte im Urlaub sind für viele Pferdefreunde das Highlight im Reiterjahr. Zum guten Gelingen tragen eine gründliche Streckenplanung, das richtige Training des Pferdes, aber auch die passende zweckmäßige Ausrüstung für Reiter und Pferd bei. Je gründlicher die Vorbereitung, umso größer ist der Spaß und die Erholung für Pferd und Reiter.

Ein Highlight auf Ausritten ist eine Abkühlung im Wasser. Noch schöner ist es in Badekleidung. Zum Schwimmen sollten die Zügel geöffnet werden.

Für mehrtägige Ritte sind robuste Satteltaschen aus Leder oder einem wasserdichten Material notwendig, die gleichmäßig gepackt werden sollten.

Planung ist alles

Egal ob ein Streckenritt oder die tägliche Rückkehr an eine feste Ausgangsstation geplant ist, die Etappenlängen sind abhängig von der Kondition der Pferde und Reiter. Was auf Karten machbar erscheint, kann sich im Gelände als kräftezehrende Strecke mit schlechten Wegen und einem völlig unterschätzenden Höhenprofil entpuppen. Zur Planung und beim Ritt ist deshalb eine topografische Karte im Maßstab 1:25.000 optimal. Auch ein Kompass sollte nicht im Gepäck fehlen. Die Reitzeit ist nicht nur von der Wegbeschaffenheit und -länge abhängig. Man sollte genug Zeit für Wegsuche, Kartenlesen oder unerwartete Umwege einplanen. Wer die moderne Technik liebt, erspart sich mit GPS unterwegs viel Zeit raubende Sucherei nach dem richtigen Weg.

Wanderreiter machen regelmäßig Pause: nach jeder Stunde fünf Minuten, nach jeder zweiten Stunde eine Viertelstunde. Für längere Mittagspausen kann man im Vorfeld Raststationen an der Strecke einplanen. Nicht jedes Gasthaus ist auf Pferdebesuch eingestellt. Ein langes Seil zwischen zwei Bäume gespannt, und schon hat man eine schattige Anbindemöglichkeit. Auch wenn die Pferde die Pause in der Regel gerne für ein Nickerchen nutzen, ist es ratsam, regelmäßig nach dem Rechten zu sehen.

Machen sich mehr als zwei Reiter auf einen mehrtägigen Ritt auf, sollten sie die Nachtquartiere vorab organisieren. In vielen Regionen gibt es bereits spezialisierte Wanderreitstationen. Aber auch Reiterhöfe und -vereine sind eine Anlaufstelle, wo Reiter und Pferd eine einfache, günstige Herberge für eine Nacht finden können, in der Futter und ein trockener Schlafplatz für Mensch und Tier vorhanden sind.

Die Pferdeausrüstung

Pferde müssen einen bequemen und gut passenden Sattel, am besten mit Ringen für Packtaschen haben, dazu die gewohnte Zäumung oder eine gebisslose Variante, die auch einen kurzen Imbiss auf einer Wiese unterwegs erlaubt. Praktisch sind auch Wanderreithalfter, die schnell zu Stallhalftern umgebaut werden können, alternativ so genannte Minihalfter.

Das Gewicht in den seitlichen Packtaschen muss gleichmäßig auf beide Seiten verteilt werden. In einer Bananentasche am Sattel kann man griffbereit die Regenkleidung, Bürste, Hufkratzer, ein Multifunktions- oder Notbeschlagswerkzeug und eine leichte Abschwitzdecke für das Pferd deponieren. Um Gewicht zu sparen, ist es sinnvoll, das gewohnte Kraftfutter vorab an den Stationen zu deponieren. Wer kann, wird ein Packpferd mitnehmen, das einen Teil der Ausrüstung trägt und auch als Reitpferd eingewechselt werden kann.

Ausrüstung für den Reiter

Der Reiter muss bequeme Kleidung tragen. In einer Weste oder Jacke mit zahlreichen Taschen lassen sich wichtige Utensilien wie Handy, Taschenmesser, Geld und Papiere verstauen. Die Reithose darf nicht scheuern. Bequeme Wanderschuhe sind für längere Führstrecken erforderlich. Als Regenbekleidung eignen sich am besten atmungsaktive Regenhosen oder Reitregenmäntel. Auch auf langen Ritten ist ein Helm selbstverständlich!

Mit der richtigen Kleidung sind längere Ritte auch im Winter ein Genuss. Ein Reithelm vervollständigt die Ausrüstung!

Das muss dabei sein

- Handy (am Reiter) und Telefonnummern von Tierärzten und Hufschmieden für den Notfall sowie von Unterkünften;
- Kartentasche mit topografischen Karten, Maßstab 1:25 000, Kompass;
- Beschlagswerkzeug, Ersatzeisen und Nägel;
- Nähzeug mit Ledernadel und Sattlerfaden;
- Erste-Hilfe-Set für Reiter und Pferd mit sterilen Wundabdeckungen, Desinfektionsspray, evtl. homöopathische Notfalltropfen und Arnika-Globuli, Hirschtalg für aufgerittene Reiterpopos.

Ein eigenes Pferd

Pferd auf Probe

Wer mehr als nur ein- oder zweimal wöchentlich auf einem Schulpferd seine Runden in der Halle drehen will, denkt irgendwann über ein eigenes Pferd nach. Ein Pferd kostet aber nicht nur Geld, sondern auch viel Zeit. Wer noch unsicher ist, hat verschiedene Möglichkeiten, das „Abenteuer eigenes Pferd" in der Light-Version mit einem Pflegepferd oder als Reitbeteiligung zu testen.

Pflegepferde sind die erste Möglichkeit, einen kleinen Teil der Verantwortung für ein Pferd zu übernehmen. Oft sind auch Schulpferde dankbar für eine feste Bezugsperson, die es pflegt und verwöhnt. Klare Abmachungen regeln den Umgang mit dem Pferd. Und vielleicht wird aus dem Pflegepferd auch einmal mehr...

Geliebt, geputzt, geritten – das Pflegepferd

Vor allem Kinder und Jugendliche wünschen sich nichts sehnlicher als ein eigenes Pferd. Doch die Verantwortung für das Tier ist oft zu groß. Und nicht alle Eltern haben einen Geldbeutel in der richtigen Größe, um ein solch aufwändiges Hobby zu finanzieren. Ein Pflegepferd bietet überzeugten Reitermädchen aber Gelegenheit, einen ihrer Wünsche zu erfüllen.

Pflegepferde können Schulpferde sein, die für Zuwendung und Pflege durch eine feste Bezugsperson ebenso dankbar sind wie Pferde, deren Besitzer nur wenig Zeit haben, sich über das Reiten hinaus um Putzen,

Lederpflege, Spazierengehen oder den Weidegang ihres Tiers zu kümmern. Die Pflegekinder können sich hier beweisen und über das Reiten hinaus viel über Pferde und deren Haltung lernen. Zur Belohnung dürfen sie hin und wieder einmal „ihr" Pferd reiten oder auf Kursen und Turnieren betreuen.

Bei Pflegepferden geht es nicht um eine Kostenbeteiligung, doch auch hier profitieren beide Seiten. Klare Abmachungen zwischen Pferdebesitzern, den Pflegekindern und deren Eltern sind jedoch wichtig und werden am besten schriftlich festgehalten.

In jedem Fall sollte sicher geklärt werden, wer haftet, wenn Pfleger und Pferd einen Unfall haben oder einen verursachen. Die Haftpflichtversicherungen von Pferdehalter und Eltern geben hierüber Auskunft. Wer hier klare Verhältnisse schafft, erspart allen Beteiligten unnötigen Ärger.

Reitbeteiligung – ein ganzes Pferd für die halbe Verantwortung

Bei einer Reitbeteiligung übernimmt ein Reiter neben einem Teil der Kosten auch die Verpflichtung, das Pferd regelmäßig zu reiten. Diese Lösung ist vor allem für Pferdebesitzer interessant, die eine Entlastung ihres eigenen Geldbeutels und ihres Zeitbudgets suchen.

Pferdebesitzer und Reitbeteiligung sollten in Fragen der Haltung, der Pflege und des Umgangs mit dem Pferd auf einer Wellenlänge liegen. Auch Reitweise und reiterliche Fähigkeiten sollten dem Pferd zuliebe auf einem ähnlichen Niveau sein. Beide Seiten

Viele Reitbeteiligungen haben so viele Freiheiten im Umgang mit dem Pferd, als wäre es das ihre. Besser geht es nicht.

profitieren, wenn auch die Reitbeteiligung mit dem Pferd regelmäßig an Unterricht oder Reitkursen teilnehmen kann.

Damit ein Reitbeteiligungsverhältnis langfristig gedeihlich funktioniert, sollten beide Partner sich häufig austauschen, gemeinsame Ziele formulieren und Probleme aus dem Weg räumen, ehe sie sich zu unüberwindbaren Hindernissen auftürmen.

Die Vereinbarungen zwischen Pferdebesitzer und Reitbeteiligung sollten schriftlich festgehalten werden. Ein Reitbeteiligungsvertrag regelt die Häufigkeit, die das Pferd dem Reiter zur Verfügung steht, Art und Höhe der Kostenbeteiligung und wie man verfährt, wenn das Pferd nicht reitbar ist.

Auch sollte im Vorfeld geklärt werden, wem die allseits beliebten Wochenenden zustehen.

Fremdreiterrisko versichern

Kommt Geld ins Spiel, fordern fast alle Haftpflichtversicherungen die Absicherung des so genannten Fremdreiterrisikos. Dieses deckt jedoch meist nur Schäden ab, die das Pferd im Beisein der Reitbeteiligung an Dritten verursacht. Kommt die Reitbeteiligung durch das Pferd zu Schaden, haftet der Pferdebesitzer aus eigener Tasche, wenn er sich nicht abgesichert hat. Die Versicherungsgesellschaften geben hierüber Auskunft. In jedem Fall sollte die Reitbeteiligung, aber auch jeder, der regelmäßig Umgang mit Pferden hat, über eine private Haftpflicht- und Unfallversicherung verfügen.

Endlich meins – das eigene Pferd

Viele Reiter sind nach Jahren des Reitschülerdaseins des Schulbetriebs überdrüssig oder fühlen sich als Reitbeteiligung zu eingeschränkt. Irgendwann möchte man reiten, wann, wie und wo immer man Lust hat und die Seele in trauter Zweisamkeit mit dem Pferd baumeln lassen, Kurse besuchen oder Urlaub mit dem Pferd verbringen. Der Traum vom eigenen Pferd soll sich endlich erfüllen!

Mit dem eigenen Pferd übernimmt der Mensch eine große Verantwortung: Er ist nun zuständig für die artgerechte Haltung, gutes Futter, ausreichend Bewegung und umfassende medizinische Versorgung – und das am besten für ein Pferdeleben.

Das persönliche Umfeld

Nur wer vor der Kaufentscheidung realistisch ist, wird später nichts bereuen. Die Anschaffungskosten für Pferde reichen vom „geschenkten Gaul" bis zu astronomischen Beträgen und sind über die Folgejahre gerechnet dennoch der kleinste Teil der Ausgaben. Nicht zu unterschätzen sind die monatlichen Kosten für Stall, Pflege und Futter, die je nach Angebot des Pensionsstalles ein ordentliches Loch in die Haushaltskasse reißen können. Hufpflege, Impfungen, Zahnkontrollen und kleinere Behandlungen summieren sich ebenfalls.

Auf der hohen Kante sollten auch Reserven für große Tierarztbehandlungen bei schweren Verletzungen oder Operationen liegen. Manche Pferde brauchen ihr Leben lang keinen Tierarzt, andere sind wahre Sparschweine, die den Tierarzt sanieren.

Wer schon so oft knapp bei Kasse ist, sollte sich die Anschaffung eines Pferdes wirklich genau überlegen und vorher gründlich rechnen. Schließlich hängt die Lebensqualität nicht ausschließlich vom Besitz eines Pferdes ab.

Wen das alles nicht schreckt, der muss den Zeitfaktor klären. Neben dem Reiten fallen oft weitere Pflegearbeiten an. Reicht die Zeit abends nach dem Job? Wo werden die Kinder während dem Reiten untergebracht? Was macht der Partner am Wochenende, wenn man auf den Kurs geht? Hat man wirklich Lust, jeden Tag, egal wie das Wetter ist, nach dem Pferd zu sehen?

Partner und Familie müssen hinter dem Hobby stehen, sonst sind Konflikte vorprogrammiert und der persönliche Preis ist hoch. Eine Reitbeteiligung kann Entlastung verschaffen, doch meist möchte man vor allem in der ersten Zeit sein Pferd für sich allein genießen.

Das braucht ein Pferd

Partner und Familie spielen mit, der Entschluss zum Pferdekauf ist gefasst! Jetzt wird wirklich ernsthaft gerechnet. Nach einem mehr oder weniger üppigen Kaufpreis geht's erst richtig los, denn das Pferd braucht passendes Equipment!

Halfter und Strick werden täglich gebraucht und sollten daher nicht nur gefallen, sondern auch strapazierfähig sein. Der Sattel wird am besten von einem qualifizierten Sattler angepasst. Auch ein solider Trensenzaum und ein passendes Gebiss sind kein Luxus. Bei Sattel und Trense macht sich Markenware über viele Jahre wirklich bezahlt. Dazu kommen je nach Pferd, Haltung und persönlichen Vorlieben noch Gamaschen und wenigstens eine Abschwitzdecke, am besten aus Fleece-Material.

Vieles – außer einem angepassten Sattel – kann man mit etwas Glück günstig gebraucht über Kleinanzeigen, Reiterflohmärkte, über Aushänge in größeren Reitställen und in Internetauktionen erstehen.

Ist das Pferd erst mal da, sollte man den regelmäßigen Reitunterricht nicht vergessen. Auch erfahrene Reiter brauchen immer wieder eine Korrektur und gerade in der Zeit des Aneinandergewöhnens ist professionelle Unterstützung eine große Hilfe.

Merke: Die Geschmäcker für die Ausrüstung sind verschieden. Das Zubehör muss immer zum Pferd und zum Reiter passen. Wer Augen und Ohren offen hält und Reiterkollegen nach ihren Erfahrungen fragt, kann eine Menge Lehrgeld sparen. Denn nicht alles was der Markt zu bieten hat, ist notwendig oder gut.

Ein Wort zur Unterbringung

Vor allem Neubesitzer wollen ihr Pferd in guten Händen aufgehoben wissen und verlassen sich mangels eigener Erfahrungen häufig auf den Stallbetreiber und sein Knowhow. Viele Hobbyhalter und Landwirte bieten neben den professionellen Pferdebetrieben meist billigere Pensionsplätze an. Wer sicher sein möchte, dass auch die nötigen Kenntnisse über Fütterung, Haltung und Gesundheitsvorsorge vorhanden sind, erkundigt sich am besten, ob der Anbieter eine Prüfung für den Sachkundenachweis Pferdehaltung gemacht hat.

Früher hatten wir Zeit und Geld, heute haben wir Pferde.

REITERSPRUCH

Hierfür fallen Kosten an

Einmalige Anschaffungen	Laufender Unterhalt
Sattel	Pension
Zaumzeug	Zusatzfuttermittel
Halfter	Hufpflege
Decken, Gamaschen	Tierarzt für Impfungen und Wurmkuren
Putzzeug	Haftpflichtversicherung

Achtung: Notreserven für größere Tierarztrechnungen einplanen!

Ein gutes Team

Pferdefreunde entwickeln mit der Zeit besondere Vorlieben für bestimmte Rassen und Reitweisen. Den einen fasziniert der grazile Körper hochblütiger Pferde. Ein anderer begeistert sich für die kraftvolle Ausstrahlung von Kaltblütern. Spätestens wenn die Anschaffung eines Pferdes konkret wird, sollte man sich über eigene Voraussetzungen und Neigungen endgültig klar werden. Bei der Vielzahl von Pferderassen ist für jeden Anspruch und Geschmack mit Sicherheit das Passende dabei.

Neben dem Reiten gibt es vielfältige Möglichkeiten, sich mit dem Pferd zu beschäftigen und jede Menge Freude daran zu haben.

Wieviel Temperament soll es sein?

Die Ansprüche an Bewegung, frische Luft und Artgenossen sind in Grundzügen bei allen Pferden gleich. Pferderassen der südlichen Ursprungsgebiete stehen meist hoch im Blut. Sie verfügen über ein spritziges Temperament und hohe Leistungsbereitschaft, was sich im Alltag manchmal in wahrer Kraftverschwendung äußert und ein entsprechendes Ventil durch Arbeit fordert. Pferde- und Ponyrassen aus nördlichen Herkunftsgebieten sind nicht weniger temperamentvoll oder leistungsbereit, doch haben sie meist eine Energiesparfunktion, die ihnen sagt: „Der nächste Winter kommt bestimmt und es wird der härteste in der Geschichte sein…“ Ihre Leistung ist unter dem Sattel jederzeit abrufbar, im Alltag verhalten sie sich gelassener gegenüber Umwelteinflüssen (darunter verstehen sie schon auch mal ihren Reiter…).

Zeit für Entscheidungen

Wer sich nicht ganz sicher ist, mit welcher Rasse er auf Dauer glücklich wird, sollte sich in jedem Fall Zeit lassen mit einer Entscheidung. Schnupperkurse auf Pferden größerer Zucht- und Ausbildungsbetriebe geben einen Einblick in Reitweisen und die Eigenheiten einer Rasse. Der Interessent erfährt hier auch, ob das reiterliche Können mit den eigenen Wunschvorstellungen übereinstimmt. Nichts ist frustrierender, als wenn der erworbene Tölter plötzlich nur noch Gangsalat produziert oder der Spanier nicht mehr piaffieren mag.

Auch auf Messen, Zuchtschauen, Turnieren und Reiterstammtischen kommt man in Kontakt mit Pferdebesitzern einer bestimmten Rasse. In Internetforen, die es für beinahe jede Pferderasse heute gibt, kann man von den langjährigen Erfahrungen anderer Pferdebesitzer profitieren und erfährt neben Adressen seriöser Züchter und Verkäufer meist sehr unverblümt auch die Seiten einer Rasse, die nicht in den Werbeschriften der Züchtergemeinschaften, Verbände oder Verkaufsställe zu finden sind.

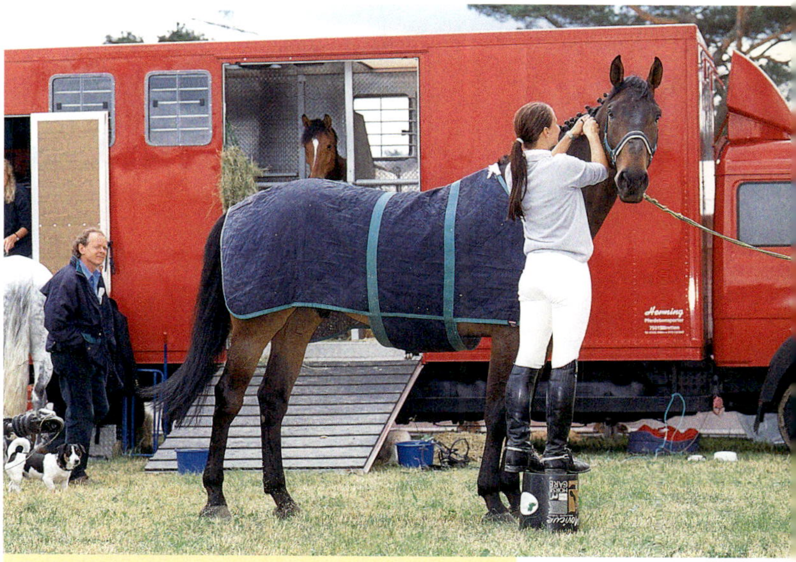

Ambitionierte Reiter sollten beim Pferdekauf auf das sportliche Potenzial achten, um später nicht enttäuscht zu sein.

Spezialisten für den Sport

Was ihre Einsatzfähigkeit angeht, sind manche Rassen echte Allrounder, andere eher Spezialisten. Wer sich in einer bestimmten Reitweise oder Reitsportdisziplin im Turniersport Lorbeeren verdienen will, sollte sich deshalb bei den entsprechenden Rassen umsehen, denn diese bringen neben dem gewünschten Erscheinungsbild meist auch die körperlichen Voraussetzungen mit, die in hohen Leistungsklassen gefordert werden. Ein langrückiges Warmblut fühlt sich im Springparcours wahrscheinlich wohler als beim Erlernen der Hohen Schule. Ausdauernde Ponys haben bei Distanzrennen gegen hochblütige Vollblüter aber in der Regel eher selten eine Chance.

Wer sich die Vielseitigkeit des Reitsports dagegen auf die Fahnen schreibt, wird mit nahezu jedem Pferd Spaß haben. Entscheidend ist dann letztendlich nur, dass die Chemie zwischen Mensch und Tier stimmt.

Das richtige Pferd für den Sport

Disziplin	In der Regel eignen sich besonders
Dressurreiten	Warmblüter, Reitponys
Springreiten	Warmblüter, Vollblüter, Reitponys, Connemara-Ponys, New Forest-Ponys
Barockreiten	Andalusier, Lusitanos, Lipizzaner, Friesen, Camarguepferde
Westernreiten	Quarter Horses, Paint Horses, Appaloosas, Haflinger, Araber
Gangpferdereiten	Islandpferde, Aegidienberger, Mangalarga Marchadores, töltende Traber, Paso Peruanos, Paso Finos, Tennessee Walking Horses, American Saddlebreds
Wanderreiten	Pferde alle Rassen, die Ausdauer haben, leichte Kaltblutrassen
Distanz- und Trekkingreiten	Pferde aller Rassen, die Ausdauer haben
Distanzrennen	Araber, Englische Vollblüter, Achal-Tekkiner

Dabei gilt immer: Ausnahmen bestätigen auch hier die Regel!

Pferdekauf ist Vertrauenssache

Endlich! Die Entscheidung für ein eigenes Pferd ist gefallen, alle Probleme sind aus dem Weg geräumt. Jetzt geht es darum, das richtige Pferd zu finden, denn schließlich sollen Mensch und Tier viele Jahre, möglichst ein Pferdeleben lang, Freude miteinander haben. Spätestens jetzt spürt der Pferdekäufer die Qual der Wahl. Und eines ist sicher: Jeder Verkäufer hat das beste Pferd im Stall...

Vor der Besichtigungstour sollte man bereits die Auswahl einschränken, um nicht völlig überfordert von einem Termin zum nächsten zu eilen: Rasse, Geschlecht, vielleicht sogar Farbwünsche, auf jeden Fall aber Ausbildungsstand und Verwendungszweck des Pferdes sowie die machbare Preisspanne stehen fest.

Zu Besichtigung und Proberitt nimmt man am besten einen pferdeerfahrenen Menschen seines Vertrauens mit, denn wenn die Liebe erst mal an ein Pferd verloren ist, ist der Blick für wesentliche Mängel oder überhöhte Preise oft verstellt.

Verkaufspferde findet man über private Kleinanzeigen in Pferdezeitschriften, bei Züchtern, Händlern oder auf Auktionen. Eine Garantie für seriöse Beratung gibt es nirgends. Der Preis sollte nicht entscheidend sein. Ein „Schnäppchen" aus der Nachbarschaft kann sich nach kurzer Zeit als kränkelnder und unreitbarer Geldvernichter entpuppen. Ein teures Rassepferd muss jedoch nicht besser sein. Von Pferden, die bereits gesundheitliche Mängel haben, sollte man auf jeden Fall die Finger lassen.

Seriöse Verkäufer werden mit einem mehrmaligen Besuch und Proberitt einverstanden sein und den Interessenten nicht unter Druck setzen. Sie werden auch ihre Einschätzung, ob Pferd und Reiter zusammen passen, ehrlich kundtun. Noch immer gilt der Grundsatz: Ein schwacher Reiter oder Anfänger sollte ein älteres und erfahrenes Pferd suchen, ein guter Reiter kommt auch mit einem jungen Pferd zurecht.

Nach einer Ankaufsuntersuchung steht der Kaufvertrag an – Handschlag ist gut, eine schriftliche Vereinbarung immer besser. Nach der Bezahlung muss der Verkäufer noch den so genannten Equidenpass und die Eigentumsurkunde, die seit dem Jahr 2000 jedes Pferd besitzen muss, an den Käufer aushändigen. Bereits für den Transport in den neuen Stall sollte der Neubesitzer eine Haftpflichtversicherung für sein Pferd abgeschlossen haben.

Gesundheit und Ausbildungsstand sind wichtige Kriterien für den Pferdekauf. Aber auch der berühmte Funke muss überspringen.

Ist das Pferd „scheckheftgepflegt"?

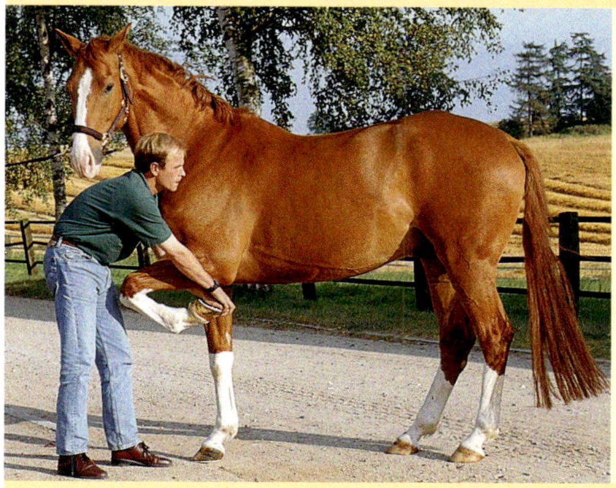

Der Käufer sollte sich den Impfpass des Pferdes zeigen lassen. Impfungen werden im Equidenpass des Pferdes durch den behandelnden Tierarzt festgehalten. Wurden alle wichtigen Impfungen regelmäßig gemacht? Falls dies nicht der Fall ist, sollte man sich einigen, ob Käufer oder Verkäufer die Kosten für die notwendige Grundimmunisierung übernimmt. Um sicher zu gehen, dass Pferde kein Sommerekzem haben, sollte man den Kauf auf das Sommerhalbjahr legen. Schnell sieht man, ob Mähne, Schweifrübe oder Bauchnaht aufgescheuert sind.

Vor dem Kauf der Gesundheitscheck

Bevor der Pferdekauf perfekt gemacht wird, ist es ratsam, eine Ankaufsuntersuchung zu machen. Sie ist ein Gutachten über den Gesundheitszustand des Pferdes zum Kaufzeitpunkt und so gründlich wie eine TÜV-Hauptuntersuchung. Der Käufer kann den Tierarzt frei wählen.

Eine Ankaufsuntersuchung ist kein billiges Vergnügen. Deshalb ist es ratsam, mit dem Verkäufer vorher zu vereinbaren, wer die Kosten trägt. Eine bewährte Regelung ist die Übernahme des Tierarzthonorars durch den Käufer, wenn das Pferd fit ist und nichts gegen den Kauf spricht. Ist das Pferd krank, lahm oder hat andere gesundheitliche Mängel, die dem Kauf entgegenstehen, sollte der Verkäufer die Kosten übernehmen.

Der Tierarzt untersucht Sinne und Reflexe, bewertet den Gesamteindruck, prüft die Puls- und Atemwerte in Ruhe und nach Belastung, hört Luftwege und Lunge ab. Mit der Beugeprobe will der Tierarzt versteckten Lahmheiten auf die Spur kommen. Bei einem auffälligen Befund stehen Röntgenaufnahmen an. Diese sind auch bei älteren Turnierpferden und Tieren mit groben Stellungsfehlern sinnvoll. Eine Blutprobe gibt Aufschluss über organische Erkrankungen, Stoffwechselprobleme oder Parasitenbefall. Die Zuchttauglichkeit kann mit einem Abstrich der Genitalien geprüft werden. Das Protokoll über die Ankaufsuntersuchung ist ein wichtiger Beleg, falls es später zum Streit über den Gesundheitszustand des Pferdes kommt!

Vor der endgültigen Kaufentscheidung steht die Ankaufsuntersuchung durch den Tierarzt. Sie liefert wichtige Informationen über den allgemeinen Gesundheitszustand und die körperliche Leistungsfähigkeit des Pferdes.

Das höchste Glück der Erde...

Das Pferd ist da. Herzlichen Glückwunsch! Dem neuen Pferdebesitzer steht eine spannende Zeit bevor: Endlich kann er, wann immer er Lust und Zeit hat, aufs Pferd steigen und die Zweisamkeit mit einem faszinierenden Tier genießen. Viele gute Ratschläge und Empfehlungen werden nun kommen. Da heißt es: nicht kopfscheu machen lassen und den eigenen Weg finden.

Freundschaften wachsen langsam. Nicht ungewöhnlich ist es, dass Pferde sich erst mal lieber ihren neuen Herdengenossen anschließen, bevor sie sich auf den Menschen einlassen. Schließlich kommt dieser nur für ein paar Stunden am Tag. Aber hat man sich einmal gefunden, haben Mensch und Pferd gut lachen.

Ruhe und Gelassenheit

Wer sich und seinem Pferd zu Beginn viel Zeit zum Eingewöhnen und zum gegenseitigen Beschnuppern lässt, schafft gute Voraussetzungen. Dem Pferd schaden ein paar Tage Ruhe nach dem Einzug in den neuen Stall nicht. Vielleicht braucht es auch noch Zeit, um über den Verlust alter Freundschaften hinwegzukommen. Der Reiter kann sich in dieser Zeit gelassen um das passende Equipment kümmern, damit die Zusammenarbeit von Anfang an stimmt. Die ersten Ritte sollten mit ortskundigen Reitern und Pferden ins Gelände gehen. Reitstunden helfen, unter Profiaugen die Eigenheiten des neuen Schützlings schnell zu entdecken und sich als Reiter darauf einzustellen.

Nach einigen Wochen der Eingewöhnung werden vielleicht kurzfristig Probleme mit dem Pferd auftauchen — doch kein Grund zur Panik! Das Pferd hat sich eingelebt und fühlt sich jetzt wohl und stark genug, das erste Mal die Rangordnung und Freundschaft zwischen Mensch und Tier auf die Probe zu stellen. Wer die Zeit bis dahin neben Reiten mit Bodenarbeit, Spazierengehen, intensiver Pflege und dem ruhigen Beobachten seines Pferdes genutzt hat, kann einer solchen vorübergehenden Störung gelassen entgegen sehen.

Pferde schätzen die Gesellschaft ihrer Artgenossen. Wer eifersüchtig darauf reagiert, wenn sein Pferd ihm signalisiert, dass ihm die neuen Kumpel in der Herde wichtiger sind als der Mensch, der seinen Stall und sein Futter bezahlt, ist egoistisch. Schließlich sind unsere Pferde die meiste Zeit des Tages sich selbst überlassen.

Das Lernen geht weiter

Die meisten Pferde sind in Pensionsbetrieben gut untergebracht. Trotzdem ist es gut, wenn man sich als Besitzer auch intensiv mit allen Fragen rund um Haltung, Fütterung, Pferdegesundheit und weitere Ausbildung von sich und seinem Traumpferd beschäftigt. So gut die Versorgung sein mag, entlässt sie den Besitzer nicht aus seiner Verantwortung, sich um Impfungen und rechtzeitige Hufpflege zu kümmern. Beim Pflegen oder Reiten stellt der Pferdebesitzer bei einer intensiven Beziehung mit seinem Tier schnell fest, ob es sich wohl fühlt oder nicht.

Es gibt keine dummen Fragen...

Mit all diesen Fragen war der neue Pferdebesitzer als Reitschüler oder Reitbeteiligung kaum berührt. Nun heißt es Lernen. In Pferdezeitschriften und Büchern findet man reichlich Informationen zu allen Themen rund ums Pferd.

Der Tierarzt ist ein kompetenter Ansprechpartner für die Gesundheit und beantwortet gerne alle Fragen. Ein guter Hufschmied wird mit Ihnen das Pro und Contra verschiedener Beschläge diskutieren und erklären, was er macht. Dazu hat er reichlich Wissen über Gliedmaßen und Gänge und kann den Charakter von Pferden aus seiner täglichen Arbeit heraus gut einschätzen.

Selbstbewusst handeln und flexibel bleiben

Als Neubesitzer sieht man sich einem Bombardement von gut gemeinten Ratschlägen seiner erfahrenen Mitreiter ausgesetzt, die nicht zuletzt oft widersprüchlich sind. Hier heißt es, sich nicht beirren lassen, alle Informationen aufnehmen und in Ruhe einen eigenen Standpunkt finden. Patentrezepte in der Reiterei oder im Umgang mit Pferden gibt es nicht. Wer dabei offen und flexibel für konstruktive Kritik und neue Informationen und Erkenntnisse bleibt, ist auf einem guten Weg mit seinem Pferd.

Was gibt es Schöneres, als mit dem eigenen Pferd auf einer Wellenlänge zu sein. Genießen Sie das Miteinander!

Kleines Lexikon

Aalstrich Dunkler Fellstreifen vom Mähnenkamm bis zu Schweifrübe. Merkmal, das bei Wildpferden, Eseln und einigen ursprünglichen Rassen vorkommt.

Abzeichen Angeborene, unveränderliche, meist weiße Stellen an Kopf und Beinen des Pferdes. Werden als Erkennungsmerkmale in die Papiere eingetragen. Manchmal zählt man auch Brandzeichen und Narben dazu.

Aktion Horizontaler und vertikaler (Tritthöhe) Raumgriff der Pferdebeine.

Bandmaß Pferdegröße, gemessen mit einem am Pferdekörper angelegten Maßband vom Boden bis zum Widerrist.

Behang Sammelbegriff für Langhaar, oft ist aber nur der Kötenbehang gemeint.

Brandzeichen Durch ein im Feuer erhitztes oder in flüssigem Stickstoff stark abgekühltes Eisen aufgebrachtes Zeichen eines Zuchtverbandes, meist auf Schenkel oder Hals, aber auch in der Sattellage.

Distanzrennen Pferderennen über Entfernungen zwischen 30 und 160 Kilometern mit regelmäßigen Gesundheitsüberprüfungen durch Tierärzte.

Equidenpass Vorgeschriebenes Dokument für jeden Einhufer. Er enthält die Abstammung des Tieres, eine genaue Beschreibung mit Zeichnung, Angaben, ob das Pferd geschlachtet werden darf, und die eingetragenen Impfungen. Der Equidenpass ist Eigentum des ausstellenden Verbandes und muss nach dem Tod des Pferdes an diesen zurückgegeben werden.

Exterieur Das äußere Erscheinungsbild des Pferdes. Damit ein Pferd einer bestimmten Rasse Papiere erhält, muss das Exterier den Anforderungen des Zuchtverbandes entsprechen.

Fellwechsel Wechsel des Deckhaars im Frühjahr und Herbst zur Anpassung des Fells an die Jahreszeiten.

Gangpferde Pferde, die neben den Grundgangarten Schritt, Trab und Galopp noch über weitere Gangvarianten wie Tölt und Pass verfügen.

Hengst Männliches Pferd.

Hilfen Kommunikation mit dem Pferd mittels Zügel, Gewicht, Schenkeln und Stimme.

Hinterhand Begriff für die Gesamtheit von Kruppe, Schweif und Hinterbeinen des Pferdes.

Interieur Die Eigenschaften eines Pferdes: Wesen, Temperament, Arbeitswille etc.

Kaliber Das Verhältnis von Gewicht zu Körpergröße des Pferdes.

Kandare Stangengebiss mit Anzügen oberhalb und unterhalb des Gebisses, das neben dem Maul auch auf Genick und Kinn wirkt.

Kardätsche Feine Bürste mit Handschlaufe, aus Naturhaar.

Kolik Der Begriff umfasst alle schmerzhaften Magen- und Darmerkrankungen beim Pferd, meist verbunden mit Unruhe, Treten gegen den Bauch und häufigem Wälzen. Sofort den Tierarzt holen!

Kötenbehang Behaarung am Fesselkopf. Rassetypisch bei vielen bei Ponys und Kaltblütern.

Kraftfutter Energie- und eiweißreiches Futter aus Getreide und Getreidebestandteilen zur Ergänzung des Raufutters bei erhöhter Arbeitsleistung.

Mineralfutter Mit Mineralstoffen und Vitaminen angereichertes Ergänzungsfutter das Versorgungslücken in der Futterration schließen soll.

Pony Kleines Pferd unter 1,48 cm Stockmaß.

Quadratpferd Rückenlänge zwischen Brust und Hinterhand ist gleich dem Stockmaß.

Rasse Population mit einheitlichem Erscheinungsbild und ähnlichen Eigenschaften.

Raufutter Rohfaserreiches (balaststoffreiches) Futter: Heu, Stroh, Hauptfutter für Pferde.

Rechteckpferd Rückenlänge zwischen Brust und Hinterhand ist größer als das Stockmaß.

Rittigkeit Die Bereitschaft des Pferdes, den Aufforderungen des Reiters zu folgen und mitzuarbeiten.

Rumpftiefe Abstand zwischen Widerrist und Brustbein. Ein tiefer Rumpf hat viel Platz für Herz und Lunge.

Sattelbaum Tragende Konstruktion des Sattels aus Holz, Metall oder Kunststoff zur optimalen Verteilung des Drucks auf dem Pferderücken.

Silage Milchsäurevergorenes Gras.

Stockmaß Größe des Pferdes vom Boden bis zum Widerrist, gemessen mit einem senkrecht stehenden Stock und einem waagerechten Messarm.

Stute Weibliches Pferd.

Trocken Kopf und Gliedmaßen sind trocken, wenn Muskeln und Sehnen unter einer straffen Haut gut zu sehen und nicht von Fettgewebe verdeckt sind.

Überbaut Die Kruppe liegt höher als der Widerrist des Pferdes.

Veredeln Einkreuzen von Arabern, Vollblütern oder anderen edleren Rassen in meist eher schwere Pferde- oder Ponyrassen. Ziel ist das elegantere Aussehen und spritzigeres Temperament.

Wallach Kastrierter Hengst: Hengste werden zwischen dem ersten und vierten Lebensjahr vom Tierarzt kastriert. Wallache sind ruhiger als Hengste und können gemeinsam mit Stuten in einer Gruppe gehalten werden.

Widerrist Übergang vom Hals zum Rücken.

Zucht Die systematische Auswahl von Elterntieren mit bestimmten Eigenschaften.

Büchertipps für Pferdefreunde

Behling, Silke: **Pferderassen**
Ein praktisches und kompaktes Nachschlagewerk. 106 Pferderassen, vorgestellt mit informativen Texten und vielen Farbfotos.
Kosmos Verlag, Stuttgart 2005

Binder, Sibylle L.: **Reiten lernen, ganz entspannt**
Der Einsteigerkurs. Eine Reitlehre, die Spaß und gute Laune macht.
Kosmos Verlag, Stuttgart 2004

Binder, Sibylle L.: **Populäre Irrtümer über Pferde**
Vom Schlafen im Stehen und vom Hafer, der sticht. Kurioses, Wunderliches und Erstaunliches über Pferde. Selbst Pferdekenner sind verblüfft.
Kosmos Verlag, Stuttgart 2005

Borelle, B./Braun, G.: **Bea Borelles Zirkusschule**
Von den grundlegenden Basisübungen bis hin zu den Klassikern und natürlich den einzigartigen Kunststücken von Pony Ben bietet diese Zirkusschule alles, was Pferdeherzen höher schlagen läßt,
Kosmos Verlag, Stuttgart 2004

Faszination Pferde
Alles über Zucht und Rassen. Alles über Haltung und Gesundheit. Alles übers Reiten.
Kosmos Verlag, Stuttgart 2005

Gohl, Christiane: **Pferde kennen und verstehen**
Verhalten, Umgang, Reiten. Das ideale Buch für Einsteiger beantwortet alle Basisfragen rund ums Pferd. Mit vielen praktischen Extra-Tipps.
Kosmos Verlag, Stuttgart 2005

Gohl, Christiane: **Was der Stallmeister noch wusste**
Kurioses, Amüsantes und Nützliches rund um Pferde - aus einer Zeit, in der Reiten kein Hobby, sondern Alltag war.
Kosmos Verlag, Stuttgart 2004

Haller, Martin: **Der neue Kosmos-Pferdeführer**
Pferderassen der Welt, Charakter, Körperbau und Eignung. Ein umfassender Überblick mit ausgezeichneten Bildern zu jeder Rasse.
Kosmos Verlag, Stuttgart 2003

Krämer, M./Schumacher, J.: **Die Kosmos-Reitlehre**
Erfolgreich im Sattel von Anfang an! Wollen Sie mehr über die klassische Reitausbildung und andere Reitweisen erfahren, dann läßt dieses Buch keine Fragen offen.
Kosmos Verlag, Stuttgart 2002

Kreinberg, Peter: **Der Freizeitreiterkurs**
Wem Spaß am Reiten und der Umgang mit dem Pferd wichtiger sind als Turniererfolge, der bekommt in diesem Buch die Grundlagen für entspanntes und sicheres Reiten geliefert.
Kosmos Verlag, Stuttgart 2005

Vanhala, P./Seppäla-Vanhala, S.: **Die Pferde aus Juhola**
Wenn der Traum von den eigenen Pferden hinter dem Haus Wirklichkeit wird: Ein wunderschönes Pferde-Tagebuch.
Kosmos Verlag, Stuttgart 2004

Stern, Horst: **So verdient man sich die Sporen**
Die populärste Reitlehre der Welt im humorvollen Stil von Horst Stern – seit über 30 Jahren unerreicht!
Kosmos Verlag, Stuttgart 2005

Register

Bildnachweis / Impressum

Bildnachweis:

Jean Christen/Kosmos: S. 26 o., 96 o., 104 o., 119 o., 130 u.
Panja Czerski/Kosmos: S. 95 u.
Felix von Döring/Kosmos: S. 16 o., 33 o., 34 u., 85 u., 124 u., 125 o., 131 o.
www.RamonaDuenisch.de/Kosmos: S. 23 o.l., 33 u., 81 u., 87 M., 87 o.l., 87 o.r., 124 o., 125 u., 126 o., 132 o.
www.RamonaDuenisch.de: S. 1, 4 o., 4 u., 5, 8 o., 8 u., 9 l., 9 r., 10 o., 10 u., 11 l., 11 r., 12 M., 12 o., 12 u.l., 12 u.r., 13 o., 13 u., 14 M., 14 o., 14 u., 15 o., 15 u., 16 u., 17 l., 17 r., 18 o., 18 u., 19 o., 19 u., 20 o., 20 u., 21 o., 21 u., 22 o., 22 u., 23 u., 26 u., 27, 29 u., 30 u., 31 u., 36/37, 38 o., 38 u., 39 l., 39 r., 40 o., 40 u., 41 o., 41 u., 42 o., 42 u., 43 o., 43 u., 44 o., 44 u., 45 o., 45 u., 46 o., 46 u., 47 o., 47 u., 48 o., 48 u., 49 o., 49 u., 50 o., 50 u., 51 o., 51 u., 53 o., 54 o., 54 u., 55 o., 55 u., 57 o., 57 u., 58 o., 58 u., 59 o., 59 u., 60 o., 60 u., 61 o., 61 u., 62 o., 62 u., 63 o., 63 u., 64 o., 64 u., 65 o., 65 u., 68 o., 68 u.l., 68 u.r., 69, 70 o., 72 o., 73, 75, 78 o., 78 u., 80 o., 80 u., 83 l., 83 r., 84 u., 85 o., 89 o., 90 M., 91 o., 91 u., 100 o., 101, 102 o.l., 102 o.r., 103 o., 103 u., 115 r., 120 u.l., 120 u.r., 121, 126 u., 128 u., 130 o., 132 u., 133, 134, 135
Klaus-Jürgen Guni/Kosmos: S. 6/7, 23 o.r., 28 u., 56 o., 56 u., 66/67, 72 u., 84 M., 116 o., 128 o.,
Michael Fuchs: S. 52 u.
Katharina Idler: S. 52 o.
Lothar Lenz/Kosmos: S. 71 l., 90 o., 94 o., 94 u.l., 94 u.M., 94 u.r., 95 o., 96 u.r., 98 o., 99 r., 100 u., 102 u., 105 l., 108 u.r., 110 o., 111 u., 112 o., 113, 114 o., 114 u.l., 114 u.r., 115 l., 118 o.
Marianne Lins/Kosmos: S. 93
Julia Rau/Kosmos: S. 53 u., 74 u., 76/77, 79, 96 u.l., 98 u., 99 l., 104 u.l., 104 u.M., 104 u.r., 108 o., 109 l., 109 M., 109 r., 111 M., 111 o.
Christof Salata/Kosmos: S. 28 o., 29 o., 31 o., 32 u. 34 o., 70 M., 70 u., 71 r., 74 o., 82 o., 82 M., 86 u., 87 u., 90 u., 92 u., 106, 108 u.l., 112 u.l., 112 u.r., 116 M., 116 u., 117 o., 117 u., 118 u., 122/123, 127, 129, 131 u.
Christiane Slawik/Kosmos: S. 92 o.
Horst Streitferdt/Kosmos: S. 24/25, 30 o., 32 o., 81 o., 82 u., 84 o., 86 o., 88 o., 88 u., 89 u., 97, 105 r., 110 u., 120 o.

Illustrationen: Cornelia Koller

Impressum

Umschlaggestaltung von eStudio Calamar unter Verwendung von drei Farbfotos von Ramona Dünisch/www.RamonaDuenisch.de
Mit 250 Farbfotos und 6 Illustrationen

Bibliografische Information der Deutschen Bibliothek
Die Deutsche Bibliothek verzeichnet diese Publikation in der Deutschen Nationalbibliografie; detaillierte bibliografische Daten sind im Internet über http://dnb.ddb.de abrufbar.

Gedruckt auf chlorfrei gebleichtem Papier

ISBN-13: 978-3-440-10414-9
ISBN-10: 3-440-10414-1
Redaktion: Birgit Bohnet
Gestaltungskonzept: Sven Melchert/Mark Emmerich
Produktion: Kirsten Raue, Claudia Kupferer
Printed in Germany / Imprimé en Allemagne